U0388980

After Effects 2022

案例实战
全视频教程

王红卫 ◎ 编著

清华大学出版社

北京

内 容 简 介

本书融入专业设计师多年的教学经验，针对初、中级用户以图文解说和案例详析的方式，从一个个实例中让读者学会命令的使用方法。全书内容主要包括视频特效的动画设计、文字特效包装设计、热门短视频动画设计、网红小达人包装设计、电影特效包装设计、电视主题栏目包装设计、主题宣传片包装设计、商业栏目包装设计、游戏动漫包装设计等。在书中每个案例中穿插大量的应用技巧与经验提示，可谓干货满满，以十足的诚意来服务读者。希望读者通过本书的学习能够举一反三，轻松掌握AE创作自己作品的同时体会设计的艺术。

本书附赠海量素材下载，读者可以通过扫描二维码观看教学视频，全方位、多角度理解书中所有案例的重点和特色；教学视频为你再现栏目包装设计场景，展现设计过程，通过教学与图书阅读的互动，让你的学习成为一件高效有趣的乐事。

本书适用于想从事界面动效设计、动效制作、影视制作、后期编辑与合成的读者，也可作为相关社会培训机构、大中专院校相关专业的教学或上机实践的用书。

图书在版编目（CIP）数据

After Effects 2022案例实战全视频教程 / 王红卫编著. —北京：清华大学出版社，2023.6
ISBN 978-7-302-63195-8

Ⅰ.①A… Ⅱ.①王… Ⅲ.①图像处理软件－教材 Ⅳ.①TP391.413

中国国家版本馆CIP数据核字（2023）第054382号

责任编辑：赵　军
封面设计：王　翔
责任校对：闫秀华
责任印制：朱雨萌

出版发行：清华大学出版社
　　　　　网　　　址：http://www.tup.com.cn，http://www.wqbook.com
　　　　　地　　　址：北京清华大学学研大厦A座　　　　　　　邮　　编：100084
　　　　　社 总 机：010-83470000　　　　　　　　　　　　邮　　购：010-62786544
　　　　　投稿与读者服务：010-62776969，c-service@tup.tsinghua.edu.cn
　　　　　质 量 反 馈：010-62772015，zhiliang@tup.tsinghua.edu.cn
印 刷 者：三河市铭诚印务有限公司
经　　销：全国新华书店
开　　本：190mm×260mm　　　　印　　张：18.25　　　　字　　数：492千字
版　　次：2023年7月第1版　　　　　　　　　　　　　　　印　　次：2023年7月第1次印刷
定　　价：99.00元

产品编号：099977-01

前　言

　　After Effects是一款非常高端的视频特效处理软件，被广泛用于像《变形金刚》《钢铁侠》《指环王》《幽灵骑士》《加勒比海盗》《复仇者联盟》等大片的各种特效制作中。After Effects在数字和电影的后期制作中得到了广泛应用，同时在新兴的抖音、快手等移动多媒体领域也具有广阔的发展空间。通过简单的视频处理和特效应用，可以呈现出电影般的视觉效果和精美的动态图形，让您能够发挥自己的创意，并获得卓越的表现效果。

　　根据编者多年的实践经验，本书以功能强大的非线性特效制作软件After Effects为工具，采用文字讲解和图片相结合的形式，详细介绍了视频包装元素动画设计、文字特效包装设计、热门短视频动画设计、网红小达人包装设计、电影特效包装设计、电视主题栏目包装设计、主题宣传片包装设计、商业栏目包装设计和游戏动漫包装设计等知识。本书精选了大量实例，真正做到了"干货"满满。此外，本书还穿插了许多设计技巧和重点提示，确保读者能够真正获得高质量的学习内容。

资源下载

　　本书配套工程文件需要使用微信扫描下面的二维码获取，可按扫描后的页面提示，把下载链接转发到自己的邮箱中下载。如果发现问题或有疑问，请发送电子邮件至booksaga@126.com，邮件主题为"After Effects 2022案例实战全视频教程"。

工程文件（第1~5章）.rar

工程文件（第6~9章）.rar

售后

对于初学者来说，本书是一本图文并茂、通俗易懂、细致全面的学习操作手册。对于从事计算机动画制作、影视动画设计和专业创作的人来说，本书是一本极佳的参考资料。在本书的编撰过程中，疏漏之处在所难免，欢迎广大读者朋友批评指正。如果在学习过程中发现问题或有更好的建议，请发送邮件到smbook@163.com与我们联系。

编者
2023年4月

目　录

第7章 主题宣传片包装设计........161

Chapter

movie /1.1 电影结尾滚动字幕设计.avi
movie /1.2 财经频道图表动画设计.avi
movie /1.3 影视频道爆炸开场动画设计.avi
movie /1.4 节目开头倒计时动画设计.avi

视频包装元素动画设计

内容摘要

本章主要讲解视频包装元素动画设计，本章中的例子全部以视频包装元素为讲解重点，通过列举数个包装元素的实例，可以让读者在栏目包装设计中对视频包装元素的制作及设计有一个全面的了解。本章列举了电影结尾滚动字幕设计、财经频道图表动画设计、影视频道爆炸开场动画设计及节目开头倒计时动画设计实例，通过对本章的学习可以掌握视频包装元素动画设计。

教学目标

☐ 学会电影结尾滚动字幕设计
☐ 了解财经频道图表动画设计
☐ 掌握影视频道爆炸开场动画设计
☐ 理解节目开头倒计时动画设计

1.1　电影结尾滚动字幕设计

● 实例解析

本例主要讲解电影结尾滚动字幕设计，本例的制作过程比较简单，以电影放映机作为主视觉素材图像，通过添加图形及文字并制作出动画即可完成整个滚动字幕效果制作，最终效果如图1.1所示。

图1.1　动画流程画面

- ## 知识点

  【图层模式】【位置动画】

- # 操作步骤

1.1.1 调整电影画面色彩

步骤01 执行菜单栏中的【合成】|【新建合成】命令，打开【合成设置】对话框，设置【合成名称】为"结尾画面"，【宽度】为"720"，【高度】为"405"，【帧速率】为"25"，并设置【持续时间】为00:00:10:00秒，【背景颜色】为黑色，完成之后单击【确定】按钮，如图1.2所示。

步骤02 打开【导入文件】对话框，选择"工程文件\第1章\电影结尾滚动字幕设计\背景.jpg、烟雾.mp4"素材，如图1.3所示。

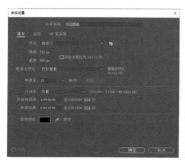 

图1.2 新建合成　　　　图1.3 导入素材

步骤03 在【项目】面板中，选中【背景.jpg】和【烟雾.mp4】素材将其拖至时间轴面板中，将【烟雾.mp4】图层模式更改为【屏幕】，并按Ctrl+Alt+F键将其大小适合合成，如图1.4所示。

图1.4 添加素材图像

步骤04 在时间轴面板中，选中【烟雾.mp4】图层，在【效果和预设】面板中展开【颜色校正】特效组，然后双击【三色调】特效。

步骤05 在【效果控件】面板中，修改【三色调】特效的参数，设置【高光】为浅蓝色（R:206，G:237，B:255），【中间调】为蓝色（R:80，G:160，B:205），如图1.5所示。

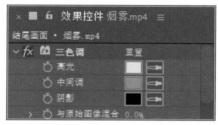

图1.5 设置三色调

步骤06 在时间轴面板中，将时间调整到00:00:05:00帧的位置，选中【烟雾.mp4】图层，按Ctrl+D组合键复制一个【烟雾.mp4】图层，按[键设置当前图层入点，如图1.6所示。

图1.6 复制图层并设置入点

步骤07 在时间轴面板中，将时间调整到00:00:05:00帧的位置，选中【烟雾.mp4】图层，按T键打开【不透明度】，将【不透明度】更改为

0%，单击【不透明度】左侧的码表，在当前位置添加关键帧。

步骤08 将时间调整到00:00:06:00帧的位置，将【不透明度】更改为100%，系统将自动添加关键帧，制作不透明度动画，如图1.7所示。

图1.7 制作不透明度动画

1.1.2 制作文字滚动字幕

步骤01 执行菜单栏中的【图层】|【新建】|【纯色】命令，在弹出的对话框中将【名称】更改为字幕图形，【颜色】更改为黑色，完成之后单击【确定】按钮。

步骤02 在时间轴面板中，选中【字幕图形】层，按T键打开【不透明度】，将【不透明度】更改为20%，如图1.8所示。

图1.8 更改不透明度

步骤03 选中工具箱中的【矩形工具】，选中【字幕图形】图层，绘制1个蒙版路径，如图1.9所示。

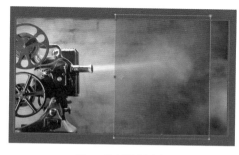

图1.9 绘制蒙版路径

步骤04 选择工具箱中的【横排文字工具】，在图像中添加文字（方正兰亭特黑长简体），如图1.10所示。

图1.10 添加文字

1.1.3 制作滚动效果

步骤01 在时间轴面板中，将时间调整到00:00:00:00帧的位置，选中【文字】图层，按P键打开【位置】，单击【位置】左侧的码表，在当前位置添加关键帧。

步骤02 在图像中将文字向下拖动至画布之外的区域，如图1.11所示。

图1.11 添加位置关键帧并拖动图像

步骤03 将时间调整到00:00:08:00帧的位置，在图像中移动其位置，系统将自动添加关键帧，制作位置动画，如图1.12所示。

图1.12 制作位置动画

步骤04 选择工具箱中的【横排文字工具】，在图像中添加文字（方正兰亭特黑长简体），如图1.13所示。

步骤05 在时间轴面板中，将时间调整到00:00:00:00帧的位置，选中【文字】图层，按P键打开【位置】，单击【位置】左侧的码表，在当前位置添加关键帧。

图1.13 添加文字

步骤06 在图像中将文字向下拖动至刚才添加的文字下方区域，如图1.14所示。

图1.14 添加位置关键帧并拖动图像

步骤07 将时间调整到00:00:08:00帧的位置，在图像中将文字移动至图像中间位置，系统将自动添加关键帧，制作位置动画，如图1.15所示。

图1.15 制作位置动画

步骤08 这样就完成了最终整体效果制作，按小键盘上的0键即可在合成窗口中预览动画。

• 提示

将文字移至第一次添加的文字下方位置，再制作位置动画的目的是保持两个文字图层中的文字动画速度一致。

1.2　财经频道图表动画设计

• 实例解析

本例主要讲解财经频道图表动画设计，本例的设计以财经新闻频道作为背景，通过绘制图形并为图形制作出动画效果完成整个效果制作，最终效果如图1.16所示。

图1.16 动画流程画面

• 知识点

【缩放动画】【预合成】【蒙版路径】

• 操作步骤

1.2.1　绘制柱状图形

步骤01 执行菜单栏中的【合成】|【新建合成】命令，打开【合成设置】对话框，设置【合成名称】为"图表"，【宽度】为"720"，【高度】为"405"，【帧速率】为"25"，并设置【持续时间】为00:00:10:00秒，【背景颜色】为黑色，完成之后单击【确定】按钮，如图1.17所示。

图1.17 新建合成

步骤02 打开【导入文件】对话框，选择"工程文件\第1章\财经频道图表动画设计\背景.jpg"素材，如图1.18所示。

图1.18 导入素材

步骤03 在【项目】面板中，选中【背景.jpg】素材，将其拖至时间轴面板中。

步骤04 选中工具箱中的【矩形工具】，绘制一个矩形，设置【填充】为浅蓝色（R:175，G:235，B:255），【描边】为无，将生成一个【形状图层 1】图层，如图1.19所示。

图1.19 绘制矩形

步骤05 在时间轴面板中，选中【形状图层 1】图层，按Ctrl+D组合键复制多个新图层，并将其向右侧拖动，平均排列，如图1.20所示。

图1.20 复制多个图形

步骤06 分别选中复制所生成的图层，在图像中调整图形高度，如图1.21所示。

图1.21 调整图形高度

步骤07 在时间轴面板中，选中【形状图层1】图层，选中工具箱中的【向后平移锚点工具】，在图像中将图形中心点移至图形底部中间位置，如图1.22所示。

图1.22 更改中心点位置

1.2.2　制作出动画效果

步骤01 在时间轴面板中，选中【形状图层 1】图层，将时间调整到00:00:00:00帧的位置，按S键打开【缩放】，单击约束比例，再单击【缩放】左侧的码表，在当前位置添加关键帧，将数值更改为（100，0），如图1.23所示。

图1.24 更改数值

步骤03 在时间轴面板中，选中【形状图层 2】图层，将时间调整到00:00:01:00帧的位置，按S键打开【缩放】，单击约束比例，再单击【缩放】左侧的码表，在当前位置添加关键帧，将数值更改为（100，0）。

步骤04 将时间调整到00:00:02:00帧的位置，将【缩放】更改为（100，60），系统将自动添加关键帧，制作出放大动画效果，如图1.25所示。

图1.23 添加缩放关键帧

步骤02 将时间调整到00:00:01:00帧的位置，将【缩放】更改为（100，100），系统将自动添加关键帧，如图1.24所示。

图1.25 制作放大动画

步骤05 以同样的方法分别为【形状图层 3】【形状图层 4】及【形状图层5】图层制作图形放大动画效果，如图1.26所示。

图1.26 制作图形放大效果

1.2.3 添加柱状图形倒影

步骤01 在时间轴面板中，同时选中所有形状图层，右击，在弹出的快捷菜单中选择【预合成】命令，在弹出的对话框中将【新合成名称】更改为"柱状图"，完成之后单击【确定】按钮，如图1.27所示。

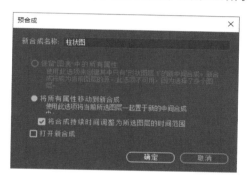

图1.27 添加预合成

步骤02 在时间轴面板中，选中【柱状图】合成，按Ctrl+D组合键复制一个【柱状图2】图层。

步骤03 在时间轴面板中，选中【柱状图2】图层，按R键打开【旋转】，将其数值更改为（0，180）。

步骤04 在时间轴面板中，选中【柱状图2】图层，在其图层名称上右击，在弹出的对话框中选择【变换】|【水平翻转】命令，再将图形与原图形底部对齐，如图1.28所示。

步骤05 选中工具箱中的【矩形工具】■，选中【柱状图2】图层，绘制一个蒙版路径，如图1.29所示。

图1.28 旋转图形

图1.29 绘制蒙版路径

步骤06 按F键打开【蒙版羽化】，将其数值更改为（50，50），再勾选【反转】复选框，如图1.30所示。

图1.30 将蒙版羽化

步骤07 选择工具箱中的【横排文字工具】**T**，在图像中添加文字（方正兰亭黑简体），如图1.31所示。

图1.31 添加文字

步骤08 这样就完成了最终整体效果制作，按小键盘上的0键即可在合成窗口中预览动画。

1.3 影视频道爆炸开场动画设计

● 实例解析

本例主要讲解影视频道爆炸开场动画设计，本例的设计重点在于通过爆炸图像表现出整个开场效果，具有独特的视觉震撼效果，最终效果如图1.32所示。

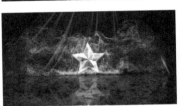

图1.32 动画流程画面

- ## 知识点

【分形杂色】【网格】【色调】【CC Particle World（CC 粒子世界）】【CC Particle Systems II（CC粒子系统）】【Shine（光）】

- ## 操作步骤

1.3.1 为合成添加圆圈背景

步骤01 执行菜单栏中的【合成】|【新建合成】命令，打开【合成设置】对话框，设置【合成名称】为"网格"，【宽度】为"720"，【高度】为"405"，【帧速率】为"25"，并设置【持续时间】为00:00:10:00秒，【背景颜色】为黑色，完成之后单击【确定】按钮，如图1.33所示。

图1.33 新建合成

步骤02 打开【导入文件】对话框，选择"工程文件\第1章\影视频道爆炸开场动画设计\星形.png、幕布.avi、标志.png、爆炸.avi"素材，如图1.34所示。

图1.34 导入素材

步骤03 执行菜单栏中的【图层】|【新建】|【纯色】命令，在弹出的对话框中将【名称】更改为背景，【颜色】更改为黑色，完成之后单击【确定】按钮。

步骤04 在时间轴面板中，选中【背景】图层，在【效果和预设】面板中展开【杂色和颗粒】特效组，然后双击【分形杂色】特效。

步骤05 在【效果控件】面板中，修改【分形杂色】特效的参数，设置【分形类型】为基本，【杂色类型】为柔和线性，【对比度】为290，【亮度】为-80，【溢出】为反绕，如图1.35所示。

步骤06 展开【变换】选项栏，将【缩放】更改为30，【复杂度】为5，如图1.36所示。

图1.35 设置分形杂色

图1.36 设置变换

步骤07 在【效果和预设】面板中展开【颜色校正】特效组，然后双击【曲线】特效。

步骤08 在【效果控件】面板中，修改【曲线】特效的参数，拖动曲线，调整图像对比度，如图1.37所示。

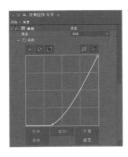
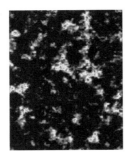

图1.37 设置曲线

步骤09 执行菜单栏中的【图层】|【新建】|【纯色】命令，在弹出的对话框中将【名称】更改为网格，【颜色】更改为黑色，完成之后单击【确定】按钮。

步骤10 在时间轴面板中，选中【网格】图层，在【效果和预设】面板中展开【生成】特效组，然后双击【网格】特效。

步骤11 在【效果控件】面板中，修改【网格】特效的参数，设置【边界】为1，如图1.38所示。

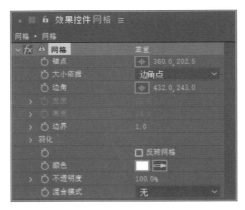

图1.38 设置网格

步骤12 在时间轴面板中，选中【网格】图层，按Ctrl+D组合键复制一个【网格2】图层。

步骤13 在时间轴面板中，选中【网格2】图层，按R键打开【旋转】，将其数值更改为（0，35），在图像中适当移动其位置，如图1.39所示。

步骤14 在时间轴面板中，同时选中所有图层，右击，在弹出的快捷菜单中选择【预合成】命令，在弹出的对话框中将【新合成名称】更改为透视网格，完成之后单击【确定】按钮，如图1.40所示。

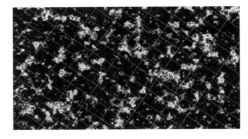

图1.39 旋转图像

图1.40 添加预合成

步骤15 在时间轴面板中，选中【透视网格】合成，单击三维图层按钮 ，展开【透视网格】|【变换】，将【X轴旋转】更改为-82。

步骤16 按P键打开【位置】，将【位置】更改为（360，296，-200），如图1.41所示。

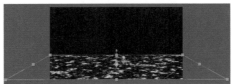

图1.41 对图像进行变换操作

1.3.2 制作爆炸场景

步骤01 执行菜单栏中的【合成】|【新建合成】命令，打开【合成设置】对话框，设置【合成名称】为"爆炸场景"，【宽度】为"720"，【高度】为"405"，【帧速率】为"25"，并设置【持续时间】为00:00:03:15秒，【背景颜色】为黑色，完成之后单击【确定】按钮，如图1.42所示。

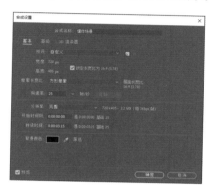

图1.42 新建合成

步骤02 在【项目】面板中，选中【幕布.avi】素材，将其拖至时间轴面板中。

步骤03 在时间轴面板中，选中【幕布.avi】图层，在【效果和预设】面板中展开【颜色校正】特效组，然后双击【色调】特效。

步骤04 在【效果控件】面板中，修改【色调】特效的参数，设置【将黑色映射到】为深蓝色（R:0，G:19，B:37），如图1.43所示。

图1.43 设置色调

步骤05 在【项目】面板中，选中【星形.png】素材，将其拖至时间轴面板中。

步骤06 在时间轴面板中，选中【星形.png】图层，

将时间调整到00:00:00:10帧的位置，按[键设置当前图层入点，如图1.44所示。

图1.44 设置图层入点

步骤07 在时间轴面板中，将时间调整到00:00:00:10帧的位置，选中【星形.png】图层，按T键打开【不透明度】，将【不透明度】更改为0%，单击【不透明度】左侧的码表，在当前位置添加关键帧。

步骤08 将时间调整到00:00:00:20帧的位置，将【不透明度】更改为100%，系统将自动添加关键帧，制作不透明度动画，如图1.45所示。

图1.45 制作不透明度动画

步骤09 在时间轴面板中，将时间调整到00:00:00:10帧的位置，选中【星形.png】图层，在【效果和预设】面板中展开【模糊和锐化】特效组，然后双击【快速方框模糊】特效。

步骤10 在【效果控件】面板中，修改【快速方框模糊】特效的参数，设置【模糊半径】为20，单击【模糊半径】左侧的码表，在当前位置添加关键帧，如图1.46所示。

图1.46 设置快速方框模糊

步骤11 在时间轴面板中，将时间调整到00:00:00:20帧的位置，将【模糊半径】更改为0，

系统将自动添加关键帧，如图1.47所示。

图1.47 更改模糊半径

步骤12 选择工具箱中的【星形工具】，沿标志形状边缘绘制一个蒙版路径，如图1.48所示。

图1.48 绘制蒙版路径

步骤13 将时间调整到00:00:00:10帧的位置，在【效果和预设】面板中展开【生成】特效组，然后双击【勾画】特效。

步骤14 在【效果控件】面板中，修改【勾画】特效的参数，设置【描边】为蒙版/路径，【片段】为1，单击【旋转】左侧的码表，在当前位置添加关键帧，如图1.49所示。

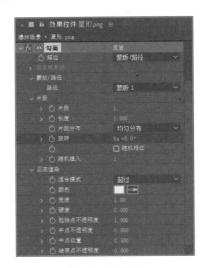

图1.49 设置勾画

步骤15 将时间调整到00:00:03:14帧的位置，将【旋转】更改为（-1，0），系统将自动添加关键帧，如图1.50所示。

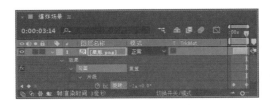

图1.50 更改数值

1.3.3 添加粒子元素

步骤01 执行菜单栏中的【图层】|【新建】|【纯色】命令，在弹出的对话框中将【名称】更改为粒子，【颜色】更改为黑色，完成之后单击【确定】按钮。

步骤02 在时间轴面板中，选中【粒子】图层，在【效果和预设】面板中展开【模拟】特效组，然后双击【CC Particle World（CC 粒子世界）】特效。

步骤03 在【效果控件】面板中，修改【CC Particle World（CC 粒子世界）】特效的参数，将【Birth Rate（出生速率）】更改为0.5，【Longevity (sec)（寿命）】更改为3，如图1.51所示。

图1.51 设置参数

步骤04 展开【Producer（发生器）】选项组，将【Position Y（Y轴位置）】更改为0.13，如图1.52所示。

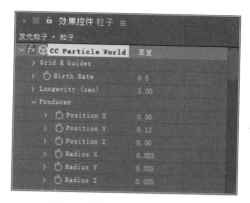

图1.52 设置Producer（发生器）

步骤05 展开【Physics（物理学）】选项组，将【Animation（动画）】更改为Fire（火焰），【Gravity（重力）】更改为0.05，【Resistance（阻力）】更改为1.3，【Extra Angle（扩展角度）】更改为1x，如图1.53所示。

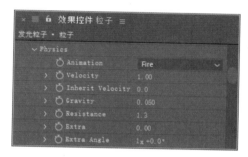

图1.53 设置Physics（物理学）

步骤06 展开【Gravity Vector（重力速度）】选项组，将【Gravity Y（重力Y）】更改为1，如图1.54所示。

图1.54 设置Gravity Vector（重力速度）

步骤07 展开【Particle（粒子）】选项组，将【Particle Type（粒子类型）】更改为Faded

Sphere（褪色球），【Birth Size（出生尺寸）】更改为0.1，【Death Size（死亡尺寸）】更改为0.1，【Size Variation（尺寸变化）】更改为50%，【Max Opacity（最大不透明度）】更改为100%。

步骤08 展开【Opacity Map（透明贴图）】选项组，将【Birth Color（出生颜色）】更改为橙色（R:255，G:150，B:0），【Death Color（死亡颜色）】更改为黄色（R:255，G:192，B:0），如图1.55所示。

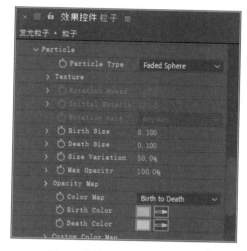

图1.55 设置Particle（粒子）选项

步骤09 选择"粒子"层，右击，在弹出的快捷菜单中选择【预合成】命令，在弹出的对话框中将【新合成名称】更改为【发光粒子】，完成之后单击【确定】按钮并将其放在【星形.png】图层下方。

步骤10 在时间轴面板中，选中【发光粒子】合成，将时间调整到00:00:00:12帧的位置，按[键设置当前图层入点，如图1.56所示。

图1.56 设置图层入点

1.3.4 制作星光动画

步骤01 执行菜单栏中的【图层】|【新建】|【纯色】命令,在弹出的对话框中将【名称】更改为小亮光,【颜色】更改为黑色,完成之后单击【确定】按钮。

步骤02 选中【小亮光】图层,在【效果与预设】特效面板中展开【模拟】特效组,双击【CC Particle Systems II(CC粒子系统)】特效。

步骤03 在【效果控件】面板中,设置【Birth Rate(出生速率)】值为0.3,展开【Producer(发生器)】,设置【Radius X(X轴半径)】为140,【Radius Y(Y轴半径)】为160,展开【Physics(物理学)】选项,设置【Velocity(速度)】为0,【Gravity(重力)】为0,【Extra(额外)】为1,如图1.57所示。

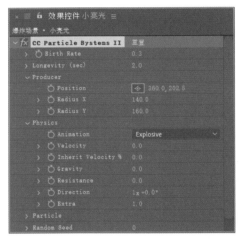

图1.57 参数设置

步骤04 在时间轴面板中,选中【小亮光】图层,将其移至所有图层下方,如图1.58所示。

图1.58 更改图层顺序

步骤05 在【项目】面板中,选中【爆炸.avi】素材,将其拖至时间轴面板中,将其图层模式更改为相加,如图1.59所示。

图1.59 添加素材图像

1.3.5 制作总合成图像

步骤01 执行菜单栏中的【合成】|【新建合成】命令,打开【合成设置】对话框,设置【合成名称】为"总合成",【宽度】为"720",【高度】为"405",【帧速率】为"25",并设置【持续时间】为

00:00:05:00秒，【背景颜色】为黑色，完成之后单击【确定】按钮，如图1.60所示。

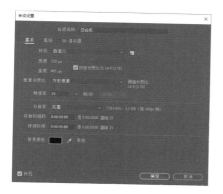

图1.60 新建合成

步骤02 在【项目】面板中，选中【网格】及【爆炸场景】合成，将其拖至时间轴面板中，合成中显示效果如图1.61所示。

图1.61 添加素材图像

步骤03 在时间轴面板中，将时间调整到00:00:02:00帧的位置，选中【爆炸场景】合成，单击三维图层按钮，展开【爆炸场景】|【变换】，将【X轴旋转】更改为（0，180）。

步骤04 按T键打开【不透明度】，将【不透明度】更改为80%，在图像中适当移动合成图像，使其爆炸边缘与网格图像边缘对齐，如图1.62所示。

步骤05 执行菜单栏中的【图层】|【新建】|【调整图层】命令，新建一个【调整图层1】图层。

步骤06 在时间轴面板中，选中【调整图层1】图层，在【效果和预设】面板中展开【模糊和锐化】特效组，然后双击【复合模糊】特效。

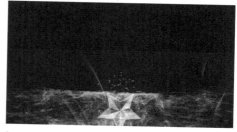

图1.62 变换合成

步骤07 在【效果控件】面板中，修改【复合模糊】特效的参数，设置【模糊图层】为网格，【最大模糊】为80，勾选【伸缩对应图以适合】复选框，如图1.63所示。

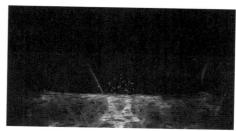

图1.63 设置复合模糊

步骤08 在【项目】面板中，选中【爆炸场景】合成，将其拖至时间轴面板中，并将其更改为【爆炸场景2】，如图1.64所示。

步骤09 选中工具箱中的【矩形工具】，选中刚才添加的【爆炸场2】图层，在其图像上半部分绘制一个蒙版路径，将不需要的下半部分隐藏，如图1.65所示。

图1.64 添加合成

图1.65 绘制蒙版路径隐藏多余图像

步骤10 在时间轴面板中，选中【爆炸场景】图层，按T键打开【不透明度】，将【不透明度】更改为50%，并在图像中将图像向上稍微调整，使倒影与爆炸场景图像相协调，如图1.66所示。

图1.66 更改图层不透明度

●提示

由于当前合成中有多个图层，因此在制作过程中可随时更改图层参数以适应新的动画效果，比如对图层进行降低不透明度等操作。

1.3.6 设计出结尾效果

步骤01 执行菜单栏中的【图层】|【新建】|【纯色】命令，在弹出的对话框中将【名称】更改为渐变背景，【颜色】更改为黑色，完成之后单击【确定】按钮。

步骤02 在时间轴面板中，选中【渐变背景】图层，在【效果和预设】面板中展开【生成】特效组，然后双击【梯度渐变】特效。

步骤03 在【效果控件】面板中，修改【梯度渐变】特效的参数，设置【渐变起点】为（360，0），【起始颜色】为蓝色（R:0，G:30，B:48），【渐变终点】为（720，405），【结束颜色】为黑色，【渐变形状】为径向渐变，如图1.67所示。

图1.67 添加梯度渐变

步骤04 在时间轴面板中，将时间调整到00:00:03:05帧的位置，选中【渐变背景】图层，按T键打开【不透明度】，将【不透明度】更改为0%，单击【不透明度】左侧的码表 ◎，在当前位置添加关键帧。

步骤05 将时间调整到00:00:03:14帧的位置，将【不透明度】更改为100%，系统将自动添加关键帧，制作不透明度动画，如图1.68所示。

图1.68 制作不透明度动画

步骤06 在【项目】面板中，选中【标志.png】素材，将其拖至时间轴面板中，合成中显示效果如图1.69所示。

步骤07 在时间轴面板中，将时间调整到00:00:03:14帧的位置，选中【标志.png】图层，按T键打开【不透明度】，将【不透明度】更改为

0%，单击【不透明度】左侧的码表 ◎，在当前位置添加关键帧。

图1.69 添加素材图像

步骤08 将时间调整到00:00:04:00帧的位置，将【不透明度】更改为100%，系统将自动添加关键帧，制作不透明度动画，如图1.70所示。

图1.70 制作不透明度动画

1.3.7 打造动感扫光特效

步骤01 在时间轴面板中，将时间调整到00:00:04:00帧的位置，选中【标志.png】层，在【效果和预设】面板中展开【Trapcode】特效组，双击【Shine（光）】特效。

步骤02 在【效果控件】面板中，修改【Shine（光）】特效的参数，设置【Ray Length（光线长度）】的值为3，【Boost Light（光线亮度）】的值为0。

步骤03 展开【Colorize（着色）】选项，将【Colorize】更改为One Color（单色），【Color（颜色）】为蓝色（R：0，G：204，B：255），设置【Source Point（源点）】的值为（275，210），单击【Source Point（源点）】左侧的码表 ◎，在当前位置设置关键帧，如图1.71所示。

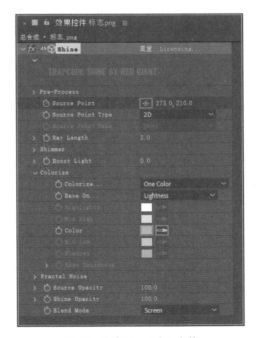

图1.71 设置Shine（光）参数

步骤04 将时间调整到00:00:04:24帧的位置，设置【Source Point（源点）】的值为（440，210），系统将自动添加关键帧，如图1.72所示。

图1.72 添加关键帧

步骤05 在时间轴面板中，选中【标志.png】图层，将时间调整到00:00:04:00帧的位置，按S键打开【缩放】，单击【缩放】左侧的码表，在当前位置添加关键帧，并将数值更改为（120，120）。

步骤06 将时间调整到00:00:04:14帧的位置，将【缩放】更改为（100，100），系统将自动添加关键帧，如图1.73所示。

图1.73 添加缩放效果

步骤07 在时间轴面板中，选中【标志.png】图层，将时间调整到00:00:04:00帧的位置，在【效果控件】面板中，单击【Ray Length（光线长度）】左侧的码表，在当前位置添加关键帧，并将其数值更改为6，如图1.74所示。

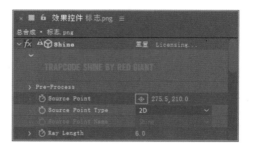

图1.74 添加关键帧

步骤08 将时间调整到00:00:04:14帧的位置，将【Ray Length（光线长度）】更改为3，系统将自动添加关键帧，如图1.75所示。

图1.75 更改数值

步骤09 这样就完成了最终整体效果制作，按小键盘上的0键即可在合成窗口中预览动画。

1.4 节目开头倒计时动画设计

• 实例解析

本例主要讲解节目开头倒计时动画设计，本例的动画表现效果非常出色，以漂亮的发光粒子以及质感数字组合而成，整个画面具有极佳的颜色及视觉效果，最终效果如图1.76所示。

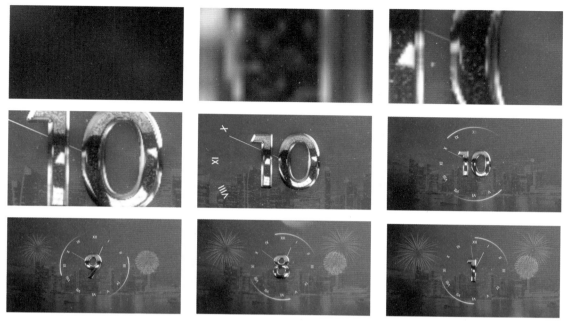

图1.76　动画流程画面

• 知识点

　　【勾画】【蒙版路径】【分形杂色】【CC Glass（CC 玻璃透视）】【CC Blobbylize（CC融化）】【灯光】【曲线】【发光】【颜色平衡】【CC Particle Systems II（CC粒子系统）】

• 操作步骤

1.4.1 绘制倒计时

步骤01 执行菜单栏中的【合成】|【新建合成】命令，打开【合成设置】对话框，设置【合成名称】为"倒计时"，【宽度】为"800"，【高度】为"800"，【帧速率】为"25"，并设置【持续时间】为00:00:10:00秒，【背景颜色】为黑色，完成之后单击【确定】按钮，如图1.77所示。

步骤02 打开【导入文件】对话框，选择"工程文件\第1章\节目开头倒计时动画设计\烟花.png、烟花2.png、纹理贴图.jpg、城市夜景.jpg、光圈.mp4"素材，如图1.78所示。

图1.78　导入素材

步骤03 选中工具箱中的【椭圆工具】，按住

图1.77　新建合成

Shift+Ctrl组合键绘制一个正圆，设置【填充】为无，【描边】为白色，【描边宽度】为1，将生成一个【形状图层1】图层，如图1.79所示。

步骤04 选择工具箱中的【横排文字工具】 **T** ，在图像中添加文字（Futura Md BT），如图1.80所示。

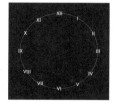

图1.79 绘制正圆　　　　　图1.80 添加文字

步骤05 在时间轴面板中，选中【Ⅵ】图层，按R键打开【旋转】，将【旋转】更改为（0，180），如图1.81所示。

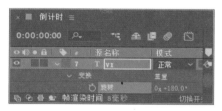

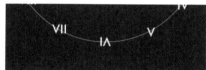

图1.81 旋转（0，180）

步骤06 选中【Ⅸ】图层，按R键打开【旋转】，将【旋转】更改为（0，90），如图1.82所示。

图1.82 旋转（0，90）

步骤07 选中【Ⅲ】图层，按R键打开【旋转】，将【旋转】更改为（0，-90），如图1.83所示。

图1.83 旋转（0，-90）

步骤08 以同样的方法旋转其他几个时间刻度的数字，如图1.84所示。

图1.84 旋转刻度数字

步骤09 选中【形状图层1】图层，将其删除，如图1.85所示。

图1.85 删除图形

1.4.2 制作表盘小元素

步骤01 选择工具箱中的【椭圆工具】 ，在表盘中心位置绘制一个小正圆，设置【填充】为白色，【描边】为无，如图1.86所示。

图1.86 绘制圆形

步骤02 选择工具箱中的【钢笔工具】 ，在表盘位置绘制一条线段制作秒针，将【填充】更改为无，【描边】为白色，【描边宽度】为2像素，将生成一个【形状图层3】图层。

步骤03 以同样的方法再绘制一条【描边宽度】为4像素的白线段制作分针，将生成一个【形状图层4】图层，如图1.87所示。

图1.87 绘制线段

步骤04 选择工具箱中的【向后平移（锚点）工具】 ，将两个指针的中心点移至小圆形位置，如图1.88所示。

图1.88 更改中心点

步骤05 在时间轴面板中，将时间调整到00:00:00:00帧的位置，选中【形状图层3】图层，按R键打开【旋转】，单击【位置】左侧的码表 ，在当前位置添加关键帧，如图1.89所示。

图1.89 添加关键帧

步骤06 将时间调整到00:00:09:24帧的位置，将【旋转】更改为（0，60），系统将自动添加关键帧，如图1.90所示。

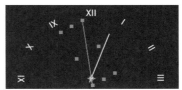

图1.90 更改秒针旋转数值

步骤07 以同样的方法将时间调整到00:00:00:00帧的位置，选中【形状图层 4】图层，按R键打开【旋转】，单击【位置】左侧的码表 ，在当前位置添加关键帧，将时间调整到00:00:09:24帧的位置，将【旋转】更改为（0，5），系统将自动添加关键帧，如图1.91所示。

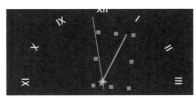

图1.91 更改分针旋转数值

1.4.3 添加质感文字

步骤01 执行菜单栏中的【合成】|【新建合成】命令，打开【合成设置】对话框，设置【合成名称】为"质感文字"，【宽度】为"720"，【高度】为"405"，【帧速率】为"25"，并设置【持续时间】为00:00:10:00秒，【背景颜色】为黑色，完成之后单击【确定】按钮，如图1.92所示。

图1.92 新建合成

步骤02 在【项目】面板中，选中【纹理贴图.jpg】素材，将其拖至时间轴面板中。

步骤03 在时间轴面板中，选中【纹理贴图.jpg】图层，按R键打开【旋转】，将旋转数值更改为（0，180），如图1.93所示。

图1.93 旋转图像

步骤04 在时间轴面板中，将时间调整到00:00:00:00帧的位置，选中【纹理贴图.jpg】图层，在【效果和预设】面板中展开【风格化】特效组，然后双击【动态拼贴】特效。

步骤05 在【效果控件】面板中，修改【动态拼贴】

特效的参数，设置【拼贴中心】为（360，260），单击【拼贴中心】左侧的码表，在当前位置添加关键帧，【输出宽度】为200，【输出高度】为200，勾选【镜像边缘】复选框，如图1.94所示。

图1.94 设置动态拼贴

步骤06 在时间轴面板中，将时间调整到00:00:09:24帧的位置，将【拼贴中心】更改为（500，260），系统将自动添加关键帧，如图1.95所示。

图1.95 更改数值

步骤07 执行菜单栏中的【图层】|【新建】|【纯色】命令，在弹出的对话框中将【名称】更改为杂点，【颜色】更改为黑色，完成之后单击【确定】按钮。

步骤08 在时间轴面板中，选中【杂点】图层，在【效果和预设】面板中展开【杂色和颗粒】特效组，然后双击【分形杂色】特效。

步骤09 在【效果控件】面板中，修改【分形杂色】特效的参数，设置【分形类型】为动态，【杂色类型】为块，【对比度】为230，【亮度】为−25，如图1.96所示。

步骤10 展开【变换】选项，将【缩放】更改为1，【复杂度】更改为15，如图1.97所示。

步骤11 在时间轴面板中，选中【杂点】图层，将其图层模式更改为柔光。

图1.96 设置分形杂色

步骤12 按住Alt键单击【效果控件】面板中【演化】左侧的码表，在时间轴面板中输入（time*400），为当前图层添加表达式，如图1.98所示。

图1.97 设置变换

图1.98 添加表达式

1.4.4 打造质感文字整体效果

步骤01 执行菜单栏中的【合成】|【新建合成】命令，打开【合成设置】对话框，设置【合成名称】为"质感文字整体"，【宽度】为"720"，【高度】为"405"，【帧速率】为"25"，并设置【持续时间】为00:00:10:00秒，【背景颜色】为黑色，完成之后单击【确定】按钮，如图1.99所示。

步骤02 选择工具箱中的【横排文字工具】，在图像中添加文字（Futura Md BT），如图1.100所示。

图1.100 添加文字

步骤03 在【项目】面板中，选中【质感文字】合成，将其拖至时间轴面板中，再将【10】图层隐藏，如图1.101所示。

步骤04 在时间轴面板中，选中【质感文字】图层，在【效果和预设】面板中展开【风格化】特效组，然后双击【CC Glass（CC玻璃透视）】特效。

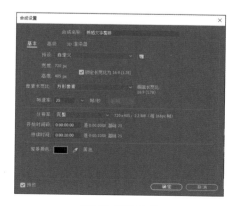

图1.99 新建合成

图1.101 添加合成

步骤05 在【效果控件】面板中，修改【CC Glass（CC 玻璃透视）】特效的参数，设置【Bump Map（凹凸贴图）】为10，【Property（特性）】为Lightness（亮度），【Softness（柔和）】为5，【Height（高度）】为9，【Displacement（置换）】为−20，如图1.102所示。

图1.102 设置CC Glass（CC 玻璃透视）

步骤06 在时间轴面板中，选中【质感文字】图层，

在【效果和预设】面板中展开【扭曲】特效组，然后双击【CC Blobbylize（CC融化）】特效。

步骤07 在【效果控件】面板中，修改【CC Blobbylize（CC融化）】特效的参数，设置【Blob Layer（厚度层）】为10，【Property（特性）】为Alpha，【Softness（柔和）】为2，【Cut Away（切割）】为1，如图1.103所示。

图1.103 设置CC Blobbylize（CC融化）

1.4.5 添加渲染光效

步骤01 执行菜单栏中的【图层】|【新建】|【灯光】命令，在弹出的对话框中将【强度】更改为150，完成之后单击【确定】按钮，如图1.104所示。

步骤02 执行菜单栏中的【图层】|【新建】|【灯光】命令，在弹出的对话框中将【强度】更改为300，【衰减】更改为平滑，完成之后单击【确定】按钮，将生成一个【点光1】图层，如图1.105所示。

步骤03 执行菜单栏中的【图层】|【新建】|【灯光】命令，在弹出的对话框中将【强度】更改为300，【衰减】更改为平滑，完成之后单击【确定】按钮，将生成一个【点光2】图层，如图1.106所示。

图1.104 新建环境光　　　　图1.105 新建点光

图1.106 新建点光

步骤04 分别选中【点光 1】【点光 2】图层，在图像中更改灯光位置，如图1.107所示。

● 提 示

环境光是对整个环境起作用，因此并不可随意更改其灯光位置。

图1.107 更改灯光位置

1.4.6 对文字进行调色操作

步骤01 执行菜单栏中的【图层】|【新建】|【调整图层】命令，新建一个【调整图层1】图层。

步骤02 在时间轴面板中，选中【调整图层1】图层，在【效果和预设】面板中展开【颜色校正】特效组，然后双击【曲线】特效。

步骤03 在【效果控件】面板中，修改【曲线】特效的参数，如图1.108所示。

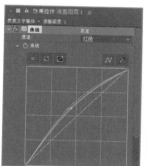

图1.109 调整红色通道

步骤05 在【效果控件】面板中，选择【通道】为蓝色，拖动曲线，如图1.110所示。

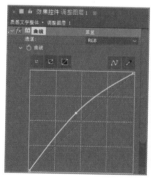

图1.108 调整RGB通道

● 提 示

默认通道为RGB通道。

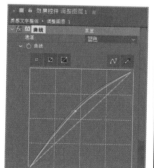

图1.110 调整蓝色通道

步骤04 在【效果控件】面板，选择【通道】为红色，拖动曲线，如图1.109所示。

步骤06 在时间轴面板中，选中【调整图层1】图、层，在【效果和预设】面板中展开【风格化】特效组，然后双击【发光】特效。

步骤07 在【效果控件】面板中，修改【发光】特效的参数，设置【发光半径】为20，如图1.111所示。

图1.111 设置发光

图1.112 更改文字

步骤11 在【项目】面板中，依次将合成名称重命名，使其与合成图像中的数字一一对应，如图1.113所示。

步骤08 在【项目】面板中，选中【质感文字整体】合成，按Ctrl+D组合键复制【质感文字整体2】【质感文字整体3】【质感文字整体4】【质感文字整体5】【质感文字整体6】【质感文字整体7】【质感文字整体8】【质感文字整体9】【质感文字整体10】9个新合成。

步骤09 打开【质感文字整体2】合成，选中【10】图层，将其更改为9，如图1.112所示。

步骤10 以同样的方法依次更改其他几个合成中的数字。

图1.113 将合成重命名

1.4.7　制作圆圈背景

步骤01 执行菜单栏中的【合成】|【新建合成】命令，打开【合成设置】对话框，设置【合成名称】为"色彩背景"，【宽度】为"720"，【高度】为"405"，【帧速率】为"25"，并设置【持续时间】为00:00:10:00秒，【背景颜色】为黑色，完成之后单击【确定】按钮，如图1.114所示。

图1.114 新建合成

步骤02 执行菜单栏中的【图层】|【新建】|【纯色】命令，在弹出的对话框中将【名称】更改为背景，【颜色】更改为黑色，完成之后单击【确定】按钮。

步骤03 在时间轴面板中，选中【背景】图层，在【效果和预设】面板中展开【生成】特效组，然后双击【梯度渐变】特效。

步骤04 在【效果控件】面板中，修改【梯度渐变】特效的参数，设置【渐变起点】为（722，0），【起始颜色】为紫色（R:163，G:43，B:255），【渐变终点】为（92，300），【结束颜色】为深紫色（R:37，G:10，B:37），【渐变形状】为径向渐变，如图1.115所示。

图1.115 添加梯度渐变

步骤05 在【项目】面板中，选中【光圈.mp4】素材，将其拖至时间轴面板中，将其图层模式更改为屏幕，再将其等比例缩小，如图1.116所示。

步骤06 在时间轴面板中，选中【光圈.mp4】图层，在【效果和预设】面板中展开【颜色校正】特效组，然后双击【曲线】特效。

步骤07 在【效果控件】面板中，修改【曲线】特效的参数，调整曲线，降低图像亮度，如图1.117所示。

步骤08 在【效果和预设】面板中展开【颜色校正】特效组，然后双击【颜色平衡（HLS）】特效。

图1.116 添加素材图像

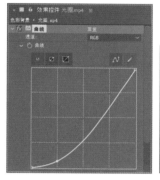

图1.117 调整曲线

步骤09 在【效果控件】面板中，修改【颜色平衡（HLS）】特效的参数，设置【色相】为45，【饱和度】为−50，如图1.118所示。

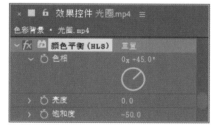

图1.118 设置颜色平衡（HLS）

1.4.8　添加装饰图像

步骤01 在【项目】面板中，选中【城市夜景.jpg】素材，将其拖至时间轴面板中并适当缩小，如图1.119所示。

图1.119　添加素材图像

图1.120　更改图层模式

步骤02 在时间轴面板中，选中【城市夜景.jpg】图层，并将移至【光圈】图层下方，再将其图层模式更改为柔光，再按T键打开【不透明度】，将【不透明度】更改为60%，如图1.120所示。

1.4.9　为合成添加倒计时动画

步骤01 在【项目】面板中，选中【倒计时】合成，将其拖至时间轴面板中，并在图像中将其移至中心位置。

步骤02 按S键打开【缩放】，将【缩放】更改为（40，40），如图1.121所示。

图1.121　添加素材图像

● 提示

添加素材图像之后，可执行菜单栏中的【窗口】|【对齐】命令，在打开的面板中，选择【将图层对齐到】后方的选项，将当前图层中的对象对齐。

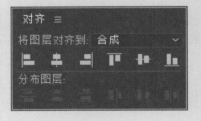

● 提示

需要注意，有时候对齐操作失效的情况下，可观察是否将当前图层中的对齐中心点移至中心位置。

步骤03 选中【倒计时】合成，在【效果和预设】面板中展开【过渡】特效组，然后双击【径向擦除】特效。

步骤04 在时间轴面板中，将时间调整到

00:00:00:00帧的位置，在【效果控件】面板中，设置【过渡完成】为100%，并为其添加关键帧，【擦除】为顺时针，【羽化】为50，如图1.122所示。

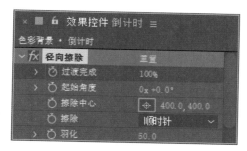

图1.122 设置径向擦除

步骤05 在时间轴面板中，将时间调整到00:00:01:00帧的位置，将【过渡完成】更改为0%，如图1.123所示。

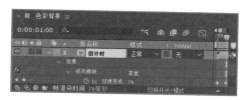

图1.123 更改过渡完成

步骤06 执行菜单栏中的【图层】|【新建】|【纯色】命令，在弹出的对话框中将【名称】更改为光圈，【颜色】更改为黑色，完成之后单击【确定】按钮。

步骤07 在时间轴面板中，选中【光圈】层，按T键打开【不透明度】，将【不透明度】更改为50%，如图1.124所示。

图1.124 更改不透明度

步骤08 选中工具箱中的【椭圆工具】 ，选中【光圈】图层，在图像中间位置按住Shift+Ctrl组合键绘制一个圆形蒙版路径，如图1.125所示。

图1.125 绘制蒙版路径

> ● 提 示
>
> 在使用【椭圆工具】绘制圆形的过程中，按住Shift+Ctrl组合键可绘制正圆。

步骤09 在时间轴面板中，选中【光圈】层，按T键打开【不透明度】，将【不透明度】更改为100%。

> ● 提 示
>
> 将光圈图层不透明度降低的原因是，在绘制圆形蒙版路径时可以更好地观察蒙版路径与倒计时表盘的对齐情况。

1.4.10 打造勾画特效

步骤01 在时间轴面板中，将时间调整到00:00:00:00帧的位置，选中【光圈】图层，在【效果和预设】面板中展开【生成】特效组，然后双击【勾画】特效。

步骤02 在【效果控件】面板中，修改【勾画】特效的参数，设置【描边】为蒙版/路径，【路径】为蒙版1，如图1.126所示。

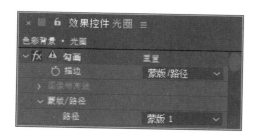

图1.126 设置勾画

步骤03 展开【片段】选项，将【片段】更改为2，【长度】更改为0.5，单击【旋转】左侧的码表，在当前位置添加关键帧，展开【正在渲染】选项，将【混合模式】更改为透明，【宽度】更改为2，如图1.127所示。

图1.127 设置片段及正在渲染

步骤04 将时间调整到00:00:09:24帧的位置，将【旋转】更改为-2x。

步骤05 在时间轴面板中，选中【光圈】图层，在【效果和预设】面板中展开【风格化】特效组，然后双击【发光】特效。

步骤06 在【效果控件】面板中，修改【发光】特效的参数，设置【发光强度】为5，如图1.128所示。

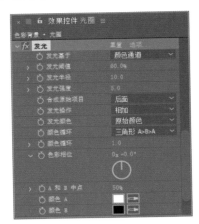

图1.128 设置发光

步骤07 在【项目】面板中，选中【10】合成，将其拖至时间轴面板中，将时间调整到00:00:01:00帧的位置，按Alt+]组合键设置当前图层动画的出点，如图1.129所示。

图1.129 添加素材图像并设置出点

步骤08 在【项目】面板中，选中【9】合成，将其拖至时间轴面板中，按[键设置当前图层的入点，将时间调整到00:00:02:00帧的位置，按Alt+]组合键设置当前图层动画的出点，如图1.130所示。

图1.130 添加素材图像并设置出入点

步骤09 以同样的方法在【项目】面板中，分别选中其他几个数字合成，添加至时间轴面板中，并设置图层动画的出入点，如图1.131所示。

图1.131 添加合成

1.4.11 制作烟花动画

步骤01 在【项目】面板中，选中【烟花.png】及【烟花2.png】素材，将其拖至时间轴面板中，在图像中将其放在适当位置，如图1.132所示。

图1.132 添加素材图像

步骤02 在时间轴面板中，选中【烟花.png】图层，将时间调整到00:00:00:10帧的位置，按S键打开【缩放】，单击【缩放】左侧的码表，在当前位置添加关键帧，将其数值更改为（0，0）。

步骤03 将时间调整到00:00:01:10帧的位置，将【缩放】数值更改为（100，100），系统将自动添加关键帧，如图1.133所示。

图1.133 制作缩放动画

步骤04 在时间轴面板中，选中【烟花2.png】图层，将时间调整到00:00:00:20帧的位置，按S键打开【缩放】，单击【缩放】左侧的码表，在当前位置添加关键帧，将其数值更改为（0，0）。

步骤05 将时间调整到00:00:01:20帧的位置，将【缩放】数值更改为（100，100），系统将自动添加关键帧，如图1.134所示。

图1.134 制作缩放动画

步骤06 在时间轴面板中，选中【烟花2.png】图层，按Ctrl+D组合键复制一个【烟花2.png】图层。

步骤07 选中复制生成的【烟花2.png】图层，同时选中当前图层中的两个缩放关键帧，向后方拖动，更改动画出现的时间，并在图像中将其移至右上侧位置，如图1.135所示。

图1.135 复制图层并更改图像位置

步骤08 选中3个烟花图层中的缩放关键帧，执行菜单栏中的【动画】|【关键帧辅助】|【缓动】命令，为动画添加缓动效果，如图1.136所示。

图1.136 添加缓动效果

1.4.12 设计粒子及降雪动画

步骤01 执行菜单栏中的【图层】|【新建】|【纯色】命令，在弹出的对话框中将【名称】更改为粒子，【颜色】更改为黑色，完成之后单击【确定】按钮。

步骤02 选中【粒子】层，在【效果与预设】特效面板中展开【模拟】特效组，双击CC Particle Systems II（CC粒子系统）特效。

步骤03 在【效果控件】面板中，设置【Birth Rate（出生速率）】值为0.3，展开【Producer（发生器）】选项组，设置【Radius X（X轴半径）】为140，【Radius Y（Y轴半径）】为160，展开【Physics（物理学）】选项组，设置【Velocity（速度）】为0.1，【Gravity（重力）】为0，如图1.137所示。

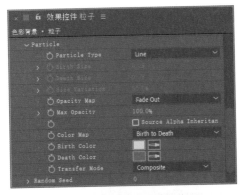

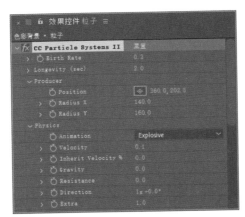

图1.137 参数设置

图1.138 设置Particle（粒子）

步骤04 展开【Particle（粒子）】选项，将【Max Opacity（最大不透明度）】更改为100%，如图1.138所示。

步骤05 执行菜单栏中的【图层】|【新建】|【调整图层】命令，新建一个【调整图层2】图层。

步骤06 在时间轴面板中，选中【调整图层2】图层，在【效果和预设】面板中展开【模拟】特效组，然后双击【CC Snowfall（CC降雪）】特效。

步骤07 在【效果控件】面板中，修改【CC Snowfall（CC降雪）】特效的参数，设置【Speed（速度）】为50，【Opacity（不透明度）】为100%，如图1.139所示。

图1.139 设置CC Snowfall（CC降雪）

步骤08 执行菜单栏中的【图层】|【新建】|【摄像机】命令，在弹出的对话框中取消【启用景深】，【预设】为24毫米，完成之后单击【确定】按钮，新建一个【摄像机1】图层。

步骤09 在时间轴面板中，同时选中除【摄像机1】图层之外的所有图层，打开图层3D开关，如图1.140所示。

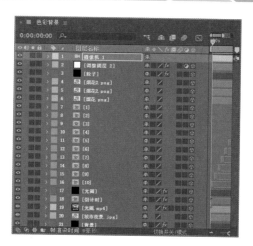

图1.140 打开图层3D开关

步骤10 在时间轴面板中，选中【摄像机1】图层，将时间调整到00:00:00:00帧的位置，按P键打开【位置】，单击【位置】左侧的码表，在当前位置添加关键帧，将数值更改为（360，202.5，0）。

步骤11 将时间调整到00:00:00:20帧的位置，将数值更改为（360，202.5，−480），系统将自动添加关键帧，制作位置动画，如图1.141所示。

步骤12 选中所有【摄像机1】图层位置的关键帧，执行菜单栏中的【动画】|【关键帧辅助】|【缓动】命令，为动画添加缓动效果。

图1.141 制作位置动画

步骤13 这样就完成了最终整体效果制作，按小键盘上的0键即可在合成窗口中预览动画。

视频路径

movie /2.1 红色节目扫光字设计.avi
movie /2.2 晚会节目名文字设计.avi
movie /2.3 可爱天使主题文字设计.avi

第2章 Chapter

文字特效包装设计

内容摘要

　　本章主要讲解文字特效包装设计。文字动画在栏目包装设计中十分常见，它主要是通过文字的信息来表现主题，如为文字添加特效，以及与背景相结合，需要注意的是在制作过程中应当以文字特效为制作重点。本章列举了多个与文字相关的实例，比如可爱天使主题文字设计、红色节目扫光字设计以及晚会节目名文字设计，通过对本章的学习可以掌握文字特效包装设计。

教学目标

- ❑ 学会红色节目扫光字设计
- ❑ 了解晚会节目名文字设计
- ❑ 掌握可爱天使主题文字设计

2.1　红色节目扫光字设计

● 实例解析

　　本例主要讲解红色节目扫光字设计，本例的设计以漂亮的红色文字作为主视觉效果，通过添加扫光效果表现出大气漂亮的红色氛围视觉效果，最终效果如图2.1所示。

图2.1　动画流程画面

• 知识点

【Shine（光）】【调整图层】

• 操作步骤

2.1.1 制作红色背景

步骤01 执行菜单栏中的【合成】|【新建合成】命令，打开【合成设置】对话框，设置【合成名称】为"背景"，【宽度】为"720"，【高度】为"405"，【帧速率】为"25"，并设置【持续时间】为00:00:10:00秒，【背景颜色】为黑色，完成之后单击【确定】按钮，如图2.2所示。

图2.2 新建合成

步骤02 打开【导入文件】对话框，选择"工程文件\第2章\红色节目扫光字设计\光圈.mp4、背景.jpg"素材，如图2.3所示。

图2.3 导入素材

步骤03 在【项目】面板中，选中【背景.jpg】素材，将其拖至时间轴面板中。

步骤04 执行菜单栏中的【图层】|【新建】|【纯色】命令，在弹出的对话框中将【名称】更改为粒子，【颜色】更改为黑色，完成之后单击【确定】按钮。

步骤05 选中【粒子】层，在【效果与预设】特效面板中展开【模拟】特效组，双击CC Particle Systems II（CC粒子系统）特效。

步骤06 在【效果控件】面板中，设置【Birth Rate（出生速率）】值为1，展开【Producer（发生器）】选项组，设置【Radius X（X轴半径）】为140，【Radius Y（Y轴半径）】为160，展开【Physics（物理学）】选项组，设置【Velocity（速度）】为0，【Gravity（重力）】为0，如图2.4所示。

图2.4 参数设置

步骤07 展开【Particle（粒子）】选项，将【Max Opacity（最大不透明度）】更改为100%，如图2.5所示。

图2.5 设置Particle（粒子）

步骤08 在【项目】面板中，选中【光圈.mp4】素材，将其拖至时间轴面板中，将其图层模式更改为屏幕，在图像中将其缩小，如图2.6所示。

图2.6 添加素材图像

2.1.2 对画面进行调色操作

步骤01 在时间轴面板中，选中【光圈.mp4】图层，在【效果和预设】面板中展开【颜色校正】特效组，然后双击【曲线】特效。

步骤02 在【效果控件】面板中，选择【通道】为红色，调整曲线，如图2.7所示。

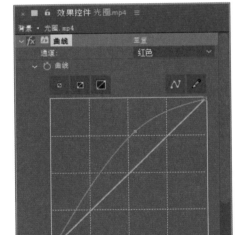

图2.7 调整曲线

步骤03 在【效果和预设】面板中展开【颜色校正】特效组，然后双击【色调】特效。

步骤04 在【效果控件】面板中，修改【色调】特效的参数，设置【将白色映射到】为橙色（R:255，G:126，B:0），如图2.8所示。

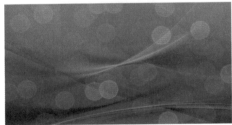

图2.8 设置色调

步骤05 在时间轴面板中，将时间调整到00:00:00:00帧的位置，选中【光圈.mp4】图层，按T键打开【不透明度】，将【不透明度】更改为0%，单击【不透明度】左侧的码表，在当前位置添加关键帧。

步骤06 将时间调整到00:00:01:00帧的位置，将【不透明度】更改为50%，将时间调整到

00:00:07:00帧的位置，单击【在当前时间添加或移除关键帧】按钮◇，在当前位置添加一个延时帧，将时间调整到00:00:08:00帧的位置，将【不透明度】更改为0%，系统将自动添加关键帧，如图2.9所示。

图2.9 制作不透明度动画

2.1.3 设计文字动画

步骤01 执行菜单栏中的【合成】|【新建合成】命令，打开【合成设置】对话框，设置【合成名称】为"文字动画"，【宽度】为"1080"，【高度】为"405"，【帧速率】为"25"，并设置【持续时间】为00:00:10:00秒，【背景颜色】为黑色，完成之后单击【确定】按钮，如图2.10所示。

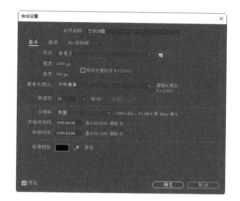

图2.10 新建合成

步骤02 选择工具箱中的【直排文字工具】T，在图像中添加文字（华文行楷），如图2.11所示。

图2.11 添加文字

步骤03 在时间轴面板中，选中其中一句文字所在图层，在【效果和预设】面板中展开【生成】特效组，然后双击【梯度渐变】特效。

步骤04 在【效果控件】面板中，修改【梯度渐变】特效的参数，设置【渐变起点】为（540，0），【起始颜色】为白色，【渐变终点】为（540，405），【结束颜色】为黄色（R:255，G:203，

B:24），如图2.12所示。

图2.12 添加梯度渐变

步骤05 在时间轴面板中，选中刚才添加梯度渐变的文字图层，在【效果控件】面板中，选中【梯度渐变】效果，按Ctrl+C组合键将其复制，选中其他几个文字图层，在【效果控件】面板中，按Ctrl+V组合键将其粘贴，如图2.13所示。

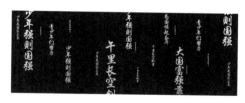

图2.13 复制并粘贴效果

步骤06 在时间轴面板中，选中其中一个较小字号的图层，在【效果和预设】面板中展开【模糊和锐化】特效组，然后双击【快速方框模糊】特效。

步骤07 在【效果控件】面板中，修改【快速方框模糊】特效的参数，设置【模糊半径】为2，如图2.14所示。

步骤08 以同样的方法分别为其他几个文字添加快速方框模糊效果，如图2.15所示。

● 提示

添加快速方框模糊效果时注意，需要根据不同的文字大小设置不同的模糊半径。

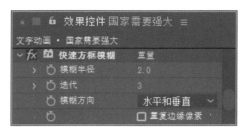

图2.14 设置快速方框模糊

图2.15 添加快速方框模糊效果

步骤09 在【项目】面板中，选中【文字动画】合成，将其拖至【背景】时间轴面板中，合成中显示效果如图2.16所示。

图2.16 添加合成图像

步骤10 在时间轴面板中，将时间调整到00:00:00:00帧的位置，选中【文字动画】图层，按P键打开【位置】，单击【位置】左侧的码表◎，在当前位置添加关键帧。

步骤11 将时间调整到00:00:09:24帧的位置，在图像中移动其位置，系统将自动添加关键帧，制作位置动画，如图2.17所示。

图2.17 制作位置动画

2.1.4 打造扫光特效

步骤01 执行菜单栏中的【图层】|【新建】|【调整图层】命令，新建一个【调整图层1】图层。

步骤02 在时间轴面板中，将时间调整到00:00:00:00帧的位置，选中【调整图层1】图层，在【效果和预设】面板中展开【RG Trapcode】特效组，然后双击【Shine（光）】特效。

步骤03 在【效果控件】面板中，修改【Shine（光）】特效的参数，设置【Source Point（源点）】为（0，202.5），【Ray Length（光线长度）】为2，【Boost Light（光线亮度）】为3，并单击【Source Point（源点）】左侧的码表◎，在当前位置添加关键帧，如图2.18所示。

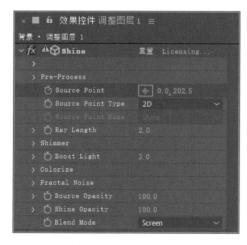

图2.18 设置Shine（光）

步骤04 将时间调整到00:00:09:24帧的位置，设置【Source Point（源点）】为（720，202.5），系统将自动添加关键帧，如图2.19所示。

步骤05 这样就完成了最终整体效果制作，按小键盘上的0键即可在合成窗口中预览动画。

图2.19 更改参数

2.2 晚会节目名文字设计

• 实例解析

　　本例主要讲解晚会节目名文字设计。本例的制作过程比较简单，重点在于组合图形并添加动画效果及文字信息，这样即可完成整个效果制作，最终效果如图2.20所示。

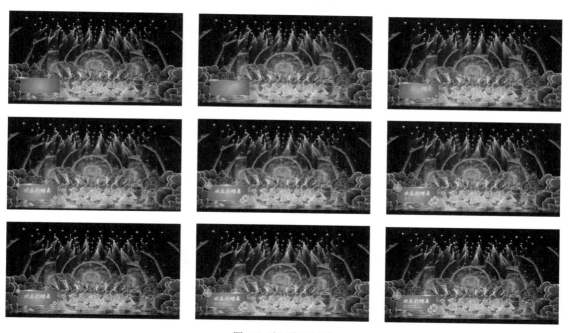

图2.20 动画流程画面

• 知识点

　　【梯度渐变】【轨道遮罩】【发光】【CC Particle World（CC 粒子世界）】

• 操作步骤

2.2.1 设计文字图形轮廓

步骤01 执行菜单栏中的【合成】|【新建合成】命令，打开【合成设置】对话框，设置【合成名称】为"节目名"，【宽度】为"500"，【高度】为"250"，【帧速率】为"25"，并设置【持续时间】为

00:00:10:00秒，【背景颜色】为黑色，完成之后单击【确定】按钮，如图2.21所示。

图2.21 新建合成

步骤02 打开【导入文件】对话框，选择"工程文件\第2章\晚会节目名文字设计\炫光.png、花纹.png、花纹2.png、花.png、背景.jpg"素材，如图2.22所示。

图2.22 导入素材

步骤03 选中工具箱中的【圆角矩形工具】，绘制一个矩形，设置【填充】为白色，【描边】为无，将生成一个【形状图层1】图层，如图2.23所示。

图2.23 绘制图形

步骤04 在时间轴面板中，选中【形状图层1】图层，在【效果和预设】面板中展开【生成】特效组，然后双击【梯度渐变】特效。

步骤05 在【效果控件】面板中，修改【梯度渐变】特效的参数，设置【渐变起点】为（250，130），【起始颜色】为红色（R:255，G:77，B:77），【渐变终点】为（430，200），【结束颜色】为红色（R:135，G:7，B:7），【渐变形状】为径向渐变，如图2.24所示。

步骤06 在时间轴面板中，选中【形状图层1】图层，在其图层名称上右击，在弹出的快捷菜单中选择【图层样式】|【描边】，将【颜色】更改为橙色（R:255，G:192，B:0），【大小】为1，如图2.25所示。

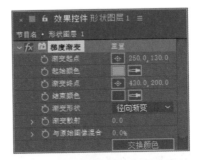

图2.24 添加梯度渐变

图2.25 为图形添加描边

步骤07 在【项目】面板中，选中【花纹.png】素材，将其拖至时间轴面板中，合成中显示效果如图2.26所示。

图2.26 添加素材图像

步骤08 在时间轴面板中，选中【花纹.png】图层，将其图层模式更改为柔光，如图2.27所示。

图2.27　更改图层模式

步骤09 在时间轴面板中，选中【形状图层 1】图层，按Ctrl+D组合键复制一个【形状图层 2】图层。

步骤10 在时间轴面板中，将【形状图层 2】层拖动到【花纹.png】层上面，设置【花纹.png】层的【轨道遮罩】为【Alpha遮罩"形状图层 2"】，如图2.28所示。

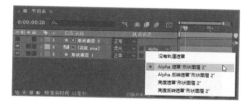

图2.28　设置轨道遮罩

2.2.2　制作节目名

步骤01 选择工具箱中的【横排文字工具】，在图像中添加文字（华文行楷），如图2.29所示。

图2.29　添加文字

步骤02 在时间轴面板中选中【大字】图层，将其展开，单击【文本】右侧的【动画】按钮 动画:●，在弹出的菜单中选择【缩放】命令，设置【缩放】的值为（200，200），单击【动画制作工具 1】右侧的【添加】按钮 添加:●，从菜单中选择【属性】|【不透明度】和【属性】|【模糊】选项，设置【不透明度】的值为0%，【模糊】的值为（50，50），如图2.30所示。

步骤03 展开【动画制作工具 1】选项组，选择【范围选择器 1】|【高级】选项，在【单位】右侧的下拉列表中选择【索引】，【形状】右侧的下拉列表中选择【上斜坡】，设置【缓和低】的值为100，【随机排序】为【开】，如图2.31所示。

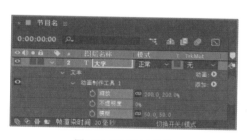

图2.30　添加动画效果

图2.31　设置动画参数

步骤04 调整时间到00:00:00:00帧的位置，展开【范围选择器1】选项，设置【结束】的值为10，【偏移】的值为−10，单击【偏移】左侧的码表，在此位置设置关键帧。

步骤05 调整时间到00:00:04:00帧的位置，设置【偏移】的值为20，系统自动添加关键帧，制作出文字隐现动画，如图2.32所示。

图2.32 制作文字隐现动画

图2.34 绘制蒙版路径

步骤06 选中工具箱中的【矩形工具】，选中【小字】图层，绘制一个蒙版路径，如图2.33所示。

步骤08 将时间调整到00:00:03:00帧的位置，调整蒙版路径，系统将自动添加关键帧，如图2.35所示。

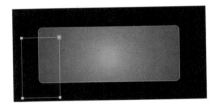

图2.33 绘制蒙版路径

步骤07 将时间调整到00:00:02:00帧的位置，展开【蒙版】|【蒙版1】，单击【蒙版路径】左侧的码表，在当前位置添加关键帧，如图2.34所示。

图2.35 调整蒙版路径

2.2.3 添加装饰光效

步骤01 在【项目】面板中，选中【炫光.png】素材，将其拖至时间轴面板中，合成中显示效果如图2.36所示。

图2.36 添加素材图像

步骤02 在时间轴面板中，选中【炫光.png】图层，在【效果和预设】面板中展开【颜色校正】特效组，然后双击【曲线】特效。

步骤03 在【效果控件】面板中，选择【通道】为红色，调整曲线，如图2.37所示。

步骤04 选择【通道】为绿色，调整曲线，如图2.38所示。

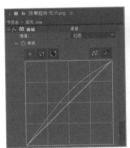

图2.37 调整红色通道

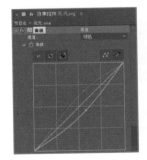

图2.38 调整绿色通道

步骤05 选择【通道】为蓝色，调整曲线，如图2.39所示。

图2.39 调整蓝色通道

步骤06 在时间轴面板中，将时间调整到00:00:00:00帧的位置，选中【炫光.png】图层，按P键打开【位置】，单击【位置】左侧的码表，在当前位置添加关键帧，在图像中将其向左侧平移，如图2.40所示。

图2.40 添加关键帧

步骤07 将时间调整到00:00:03:00帧的位置，在图像中移动其位置，系统将自动添加关键帧，制作位置动画，如图2.41所示。

图2.41 制作位置动画

步骤08 在时间轴面板中，选中【炫光.png】图层，按Ctrl+D组合键复制一个【炫光2.png】图层。

步骤09 在时间轴面板中，选中【炫光2.png】图层，将其位置关键帧删除，在图像中将其向下移至图像底部边缘位置并适当缩小，如图2.42所示。

图2.42 复制图像

步骤10 以前面同样的方法，在【炫光2.png】图层制作位置动画，如图2.43所示。

图2.43 制作位置动画

2.2.4 打造装饰元素动画

步骤01 在【项目】面板中，选中【花.png】及【花纹2.png】素材，将其拖至时间轴面板中，合成中显示效果如图2.44所示。

图2.44 添加素材图像

步骤02 在时间轴面板中，选中【花.png】图层，按Ctrl+D组合键复制一个【花2.png】图层。

步骤03 选中【花2.png】图层，在图像中将其等比例缩小并适当移动，如图2.45所示。

图2.45 复制并变换图像

步骤04 在时间轴面板中，选中【花.png】图层，在【效果和预设】面板中展开【风格化】特效组，然后双击【发光】特效。

步骤05 在【效果控件】面板中，修改【发光】特效的参数，设置【发光半径】为3，【发光强度】为0.2，如图2.46所示。

图2.46 设置投影

步骤06 在时间轴面板中，选中【花.png】图层，在【效果控件】面板中，选中【发光】效果，按Ctrl+C组合键将其复制，选中【花2.png】图层，在【效果控件】面板中，按Ctrl+V组合键将其粘贴，如图2.47所示。

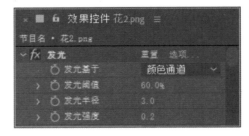

图2.47 复制并粘贴效果

步骤07 在时间轴面板中，选中【花纹2.png】图层，将时间调整到00:00:00:00帧的位置，按R键打开【旋转】，单击【旋转】左侧的码表，在当前位置添加关键帧。

步骤08 将时间调整到00:00:09:24帧的位置，将【旋转】更改为2x，系统将自动添加关键帧，如图2.48所示。

图2.48 制作旋转动画

技巧

在时间轴面板中，按home键可定位至当前合成的第一帧，按end键可定位至最后一帧。

步骤09 在时间轴面板中，选中【花.png】图层，将时间调整到00:00:00:00帧的位置，按S键打开【缩放】，单击【缩放】左侧的码表，在当前位置添加关键帧，将数值更改为（0，0）。

步骤10 将时间调整到00:00:02:00帧的位置，将数值更改为（80，80），系统将自动添加关键帧，如图2.49所示。

步骤11 以同样的方法分别为【花2.png】及【花纹2.png】图层制作缩放动画，如图2.50所示。

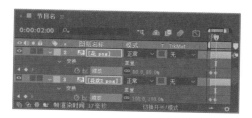

图2.49 制作缩放动画

图2.50 制作缩放动画

2.2.5 完成最终合成制作

步骤01 执行菜单栏中的【合成】|【新建合成】命令，打开【合成设置】对话框，设置【合成名称】为"最终合成"，【宽度】为"720"，【高度】为"405"，【帧速率】为"25"，并设置【持续时间】为00:00:10:00秒，【背景颜色】为黑色，完成之后单击【确定】按钮，如图2.51所示。

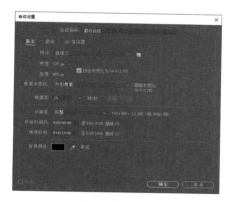

图2.51 新建合成

步骤02 在【项目】面板中，选中【背景.jpg】素材及【节目名】合成，将其拖至时间轴面板中，并将【节目名】合成移至左下角位置适当缩小，如图2.52所示。

图2.52 添加素材及合成

步骤03 执行菜单栏中的【图层】|【新建】|【纯色】命令，在弹出的对话框中将【名称】更改为粒子，【颜色】更改为黑色，完成之后单击【确定】按钮。

步骤04 在时间轴面板中，选中【粒子】图层，在【效果和预设】面板中展开【模拟】特效组，然后双击【CC Particle World（CC粒子世界）】特效。

步骤05 在【效果控件】面板中，修改【CC Particle World（CC粒子世界）】特效的参数，将【Birth Rate（出生速率）】更改为0.5，【Longevity (sec)（寿命）】更改为3，如图2.53所示。

图2.53 设置参数

步骤06 展开【Producer（发生器）】选项组，将【Position Y（位置Y）】更改为0.13，如图2.54所示。

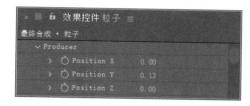

图2.54 设置Producer（发生器）

步骤07 展开【Physics（物理学）】选项组，将【Animation（动画）】更改为Fire（火焰），【Gravity（重力）】更改为0.05，【Resistance

（阻力）】更改为1.3，【Extra Angle（额外角度）】更改为（1，0），如图2.55所示。

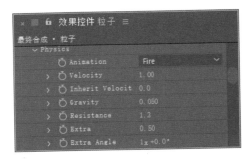

图2.55 设置Physics（物理学）

步骤08 展开【Gravity Vector（重力速度）】选项组，将【Gravity Y（重力Y）】更改为1，如图2.56所示。

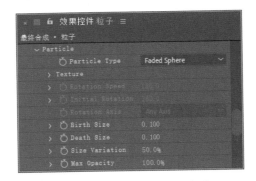

图2.56 设置Gravity Vector（重力速度）

步骤09 展开【Particle（粒子）】选项组，将【Particle Type（粒子类型）】更改为Faded Sphere（褪色球），【Birth Size（出生尺寸）】更改为0.1，【Death Size（死亡尺寸）】更改为0.1，【Size Variation（尺寸变化）】更改为50%，【Max Opacity（最大不透明度）】更改为100%，如图2.57所示。

图2.57 设置Particle（粒子）选项

步骤10 将【Birth Color（出生颜色）】更改为黄色（R:255，G:255，B:0），【Death Color（死亡颜色）】更改为橙色（R:255，G:162，B:0），如图2.58所示。

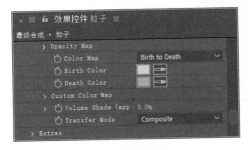

图2.58 设置颜色

步骤11 在时间轴面板中，选中【粒子】图层，将其移至【节目名】图层下方，在图像中将其移至左下角位置并适当缩小，如图2.59所示。

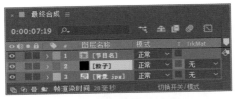

图2.59 缩小图像

步骤12 这样就完成了最终整体效果制作，按小键盘上的0键即可在合成窗口中预览动画。

2.3　可爱天使主题文字设计

● 实例解析

本例主要讲解可爱天使主题文字设计，本例以漂亮的放射背景作为主视觉图像，以天使的翅膀作为主题文字装饰，整个文字效果非常可爱，最终效果如图2.60所示。

图2.60 动画流程画面

● 知识点

【旋转】【缩放】【缓动】

● 操作步骤

2.3.1　打造放射效果

步骤01 执行菜单栏中的【合成】|【新建合成】命令，打开【合成设置】对话框，设置【合成名称】为"放射效果"，【宽度】为"1920"，【高度】为"1080"，【帧速率】为"25"，并设置【持续时间】为00:00:10:00秒，【背景颜色】为黑色，完成之后单击【确定】按钮，如图2.61所示。

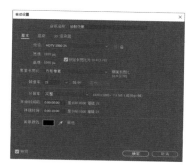

图2.61 新建合成

步骤02 打开【导入文件】对话框，选择"工程文件\第2章\可爱天使主题文字设计\文字轮廓.png、文字.png、翅膀.png"素材，如图2.62所示。

图2.62 导入素材

步骤03 执行菜单栏中的【图层】|【新建】|【纯色】命令，在弹出的对话框中将【名称】更改为条纹，【颜色】更改为白色，完成之后单击【确定】按钮。

步骤04 在时间轴面板中，选中【条纹】图层，在【效果和预设】面板中展开【过渡】特效组，然后双击【百叶窗】特效。

步骤05 在【效果控件】面板中，修改【百叶窗】特效的参数，设置【过渡完成】为50%，【方向】为（0，0），【宽度】为30，如图2.63所示。

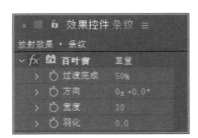

图2.63 设置百叶窗

步骤06 在【效果和预设】面板中展开【扭曲】特效组，然后双击【极坐标】特效。

步骤07 在【效果控件】面板中，修改【极坐标】特效的参数，设置【转换类型】为矩形到极线，将【插值】更改为100，如图2.64所示。

步骤08 在时间轴面板中，选中【条纹】图层，将时间调整到00:00:00:00帧的位置，按R键打开【旋转】，单击【旋转】左侧的码表，在当前位置添加关键帧。

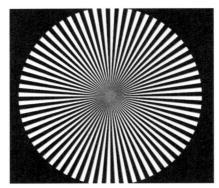

图2.64 设置极坐标

步骤09 将时间调整到00:00:09:24帧的位置，将【旋转】更改为（0，-90），系统将自动添加关键帧，如图2.65所示。

图2.65 制作旋转动画

2.3.2 制作放射背景

步骤01 执行菜单栏中的【合成】|【新建合成】命令，打开【合成设置】对话框，设置【合成名称】为"放射背景"，【宽度】为"720"，【高度】为"405"，【帧速率】为"25"，并设置【持续时间】为00:00:10:00秒，【背景颜色】为黑色，完成之后单击【确定】按钮，如图2.66所示。

步骤02 执行菜单栏中的【图层】|【新建】|【纯色】命令，在弹出的对话框中将【名称】更改为背景，【背景颜色】更改为白色，完成之后单击【确定】按钮。

步骤03 在时间轴面板中，选中【背景】图层，在【效果和预设】面板中展开【生成】特效组，然后双击【梯度渐变】特效。

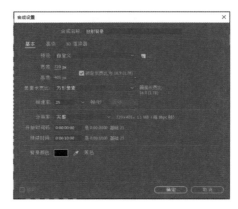

图2.66 新建合成

步骤04 在【效果控件】面板中，修改【梯度渐变】特效的参数，设置【渐变起点】为（360，200），【起始颜色】为青色（R:174，G:245，B:253），【渐变终点】为（720，405），【结束颜色】为青色（R:222，G:252，B:255），【渐变形状】为径向渐变，如图2.67所示。

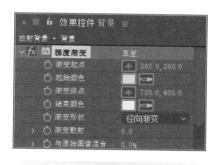

图2.67 添加梯度渐变

步骤05 在【项目】面板中，选中【放射效果】合成，将其拖至时间轴面板中并适当缩小，如图2.68所示。

图2.68 添加合成图像

2.3.3 设计文字效果

步骤01 执行菜单栏中的【合成】|【新建合成】命令，打开【合成设置】对话框，设置【合成名称】为"文字效果"，【宽度】为"720"，【高度】为"405"，【帧速率】为"25"，并设置【持续时间】为00:00:10:00秒，【背景颜色】为白色，完成之后单击【确定】按钮，如图2.69所示。

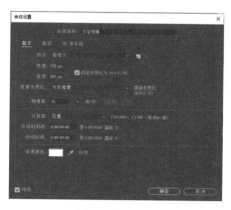

图2.69 新建合成

步骤02 在【项目】面板中，同时选中【文字.png】【文字轮廓.png】素材，将其拖至时间轴面板中，如图2.70所示。

图2.70 添加素材图像

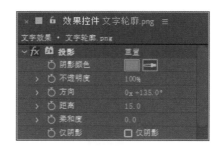

● 提 示

在添加素材图像的时候，注意应将【文字轮廓.png】放在【文字.png】下方。

步骤03 在时间轴面板中，选中【文字轮廓.png】图层，在【效果和预设】面板中展开【透视】特效组，然后双击【投影】特效。

步骤04 在【效果控件】面板中，修改【投影】特效的参数，设置【阴影颜色】为紫色（R:166，G:114，B:188），【不透明度】为100%，【距离】为15，如图2.71所示。

图2.71　设置投影

2.3.4　制作波纹效果

步骤01 执行菜单栏中的【合成】|【新建合成】命令，打开【合成设置】对话框，设置【合成名称】为"波纹"，【宽度】为"720"，【高度】为"405"，【帧速率】为"25"，并设置【持续时间】为00:00:10:00秒，【背景颜色】为黑色，完成之后单击【确定】按钮，如图2.72所示。

图2.72　新建合成

步骤02 执行菜单栏中的【图层】|【新建】|【纯色】命令，在弹出的对话框中将【名称】更改为波纹，【背景颜色】更改为白色，完成之后单击【确定】按钮。

步骤03 在时间轴面板中，选中【波纹】图层，在【效果和预设】面板中展开【过渡】特效组，然后双击【百叶窗】特效。

步骤04 在【效果控件】面板中，修改【百叶窗】特效的参数，设置【过渡完成】为50%，【方向】为（0，90），【宽度】为10，如图2.73所示。

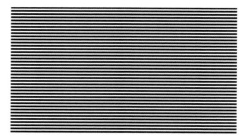

图2.73　设置百叶窗

步骤05 在时间轴面板中，选中【波纹】图层，在【效果和预设】面板中展开【扭曲】特效组，然后双击【波形变形】特效。

步骤06 在【效果控件】面板中，修改【波形变形】特效的参数，设置【波浪类型】为正弦，【波形高度】为5，【波形宽度】为30，如图2.74所示。

图2.74 设置波形变形

步骤07 在【项目】面板中，选中【波纹】合成，将其拖至【文字效果】合成时间轴面板中，如图2.75所示。

图2.75 添加合成图像

步骤08 选中【文字轮廓.png】图层，按Ctrl+D组合键复制一个【文字轮廓.png】图层。

步骤09 将【波纹】合成移至两个【文字轮廓.png】图层之间，再选中下方的【波纹】图层，设置其轨道【轨道遮罩】为【2.文字轮廓.png】，如图2.76所示。

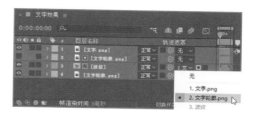

图2.76 设置轨道遮罩

2.3.5 完成最终整体效果制作

步骤01 在【项目】面板中，选中【文字效果】合成将其拖至时间轴面板中，如图2.77所示。

图2.77 添加素材图像

步骤02 在时间轴面板中，选中【文字效果】图层，将时间调整到00:00:00:00帧的位置，按S键打开【缩放】，单击【缩放】左侧的码表，在当前位置添加关键帧，将数值更改为（0，0）。

步骤03 将时间调整到00:00:00:20帧的位置，将【缩放】更改为（80，80），将时间调整到00:00:00:40帧的位置，将【缩放】更改为（70，70），将时间调整到00:00:02:10帧的位置，将【缩放】更改为（80，80），系统将自动添加关键帧，制作出缩放动画效果，如图2.78所示。

图2.78 添加缩放关键帧制作缩放动画

步骤04 在【项目】面板中，选中【翅膀.png】素材，将其拖至时间轴面板中，并将其放在【文字效果】图层下方。

步骤05 选中【翅膀.png】图层，按Ctrl+D组合键复制一个新图层，分别将两个图层重命名为【右翅膀】【左翅膀】，如图2.79所示。

图2.79 复制图层

步骤06 选中【左翅膀】图层，选中工具箱中的【向后平移锚点工具】，在图像中将翅膀图像的定位点移至右侧位置，如图2.80所示。

图2.80 添加素材图像并更改定位点

●提示

在制作【左翅膀】图层中的图像动画时，为了方便观察制作效果，可先将【右翅膀】图层暂时隐藏。

步骤07 在时间轴面板中，选中【左翅膀】图层，将时间调整到00:00:02:10帧的位置，按S键打开【缩放】，单击【缩放】左侧的码表，在当前位置添加关键帧，将数值更改为（0，0）。

步骤08 将时间调整到00:00:02:20帧的位置，将【缩放】更改为（100，100），系统将自动添加关键帧，如图2.81所示。

图2.81 制作缩放动画

2.3.6 打造摆动特效

步骤01 在时间轴面板中，选中【左翅膀】图层，将时间调整到00:00:02:20帧的位置，按R键打开【旋转】，单击【旋转】左侧的码表，在当前位置添加关键帧。

步骤02 将时间调整到00:00:03:05帧的位置，将【旋转】更改为（0，10），将时间调整到00:00:03:15帧的位置，将【旋转】更改为（0，-10），将时间调整到00:00:04:00帧的位置，将【旋转】更改为（0，10），将时间调整到00:00:04:10帧的位置，将【旋转】更改为（0，-10），将时间调整到00:00:04:20帧的位置，将【旋转】更改为（0，10），将时间调整到00:00:05:05帧的位置，将【旋转】更改为（0，-10），将时间调整到00:00:05:15帧的位置，将【旋转】更改为（0，0），系统将自动添加关键帧，如图2.82所示。

步骤03 选中【左翅膀】图层关键帧执行菜单栏中的【动画】|【关键帧辅助】|【缓动】命令，为动画添加缓动效果，如图2.83所示。

图2.83 添加缓动效果

步骤04 在时间轴面板中，选中【右翅膀】图层，单击鼠标右键，在弹出的选项中选择【变换】|【水平翻转】命令，在图像中将其向右侧移动至与左翅膀相对称位置，如图2.84所示。

图2.84 变换图像

图2.82 添加旋转效果

步骤05 以前面的方法为右翅膀制作同样的缩放及旋转动画效果，如图2.85所示。

步骤06 这样就完成了最终整体效果制作，按小键盘上的0键即可在合成窗口中预览动画。

图2.85 制作动画效果

第**3**章

Chapter

热门短视频动画设计

内容摘要

　　本章主要讲解热门短视频动画设计。短视频作为当下火热的流行元素，其主要流行于年轻朋友群体中，因此在设计过程中应当注意整体的色调及动画氛围的把握，通过元素的相互结合，整体表现出应有的视觉效果。本章列举了为主播刷礼物特效设计、游戏直播弹幕刷屏动画设计、网红美食主题动画设计、婚礼快闪短视频设计以及小泥人音乐动画设计等多个实例，通过对这些实例的学习可以掌握热门短视频动画设计。

教学目标

　　☐　学会为主播刷礼物特效设计
　　☐　了解游戏直播弹幕刷屏动画设计
　　☐　掌握网红美食主题动画设计
　　☐　理解婚礼快闪短视频设计
　　☐　学会小泥人音乐动画设计

3.1　为主播刷礼物特效设计

• 实例解析

　　本例主要讲解为主播刷礼物特效设计，本例中的动画效果非常逼真有趣，通过制作出刷礼物的特效动画，完美表现出短视频的特点，最终效果如图3.1所示。

图3.1 动画流程画面

● 知识点

　　【CC Particle World（CC粒子世界）】【发光】【运动模糊】【延时关键帧】

● 操作步骤

3.1.1 制作装饰圆点 ▶▶

步骤01 执行菜单栏中的【合成】|【新建合成】命令，打开【合成设置】对话框，设置【合成名称】为"刷礼物"，【宽度】为"1080"，【高度】为"1920"，【帧速率】为"25"，并设置【持续时间】为00:00:10:00秒，【背景颜色】为黑色，完成之后单击【确定】按钮，如图3.2所示。

图3.3 导入素材

步骤04 执行菜单栏中的【图层】|【新建】|【纯色】命令，在弹出的对话框中将【名称】更改为装饰圆点，【颜色】更改为黑色，完成之后单击【确定】按钮。

步骤05 在时间轴面板中，选中【装饰圆点】图层，在【效果和预设】面板中展开【模拟】特效组，然后双击【CC Particle World（CC粒子世界）】特效。

步骤06 在【效果控件】面板中，修改【CC Particle World（CC粒子世界】特效的参数，设置【Birth Rate（出生速率）】为0.1，【Longevity(sec)（寿命）】为5，如图3.4所示。

图3.2 新建合成

步骤02 打开【导入文件】对话框，选择"工程文件\第3章\为主播刷礼物特效设计\跑车.png、戒指.png、火箭.png、背景.jpg"素材，如图3.3所示。

步骤03 在【项目】面板中，选中【背景.jpg】合成，将其拖至时间轴面板中。

图3.4 设置Birth Rate（出生速率）及【Longevity(sec)寿命】

步骤07 展开【Producer（发生器）】选项，设置【Position Y（位置Y）】为0.5，【Position Z（位置Z）】为-0.3，【Radius X（X轴半径）】为0.3，【Radius Y（Y轴半径）】为0.5，如图3.5所示。

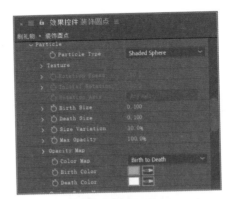

图3.5 设置Producer（发生器）参数

步骤08 展开【Physics（物理学）】选项，设置【Animation（动画）】为Explosive（爆炸），展开【Gravity Vector（重力矢量）】选项，将【Gravity Y（重力Y）】更改为-0.1，如图3.6所示。

图3.6 设置Physics（物理学）参数

步骤09 展开【Particle（粒子）】选项组，将【Particle Type（粒子类型）】更改为Shaded Sphere（阴影球体），【Birth Size（出生尺寸）】为0.1，【Death Size（死亡尺寸）】为0.1，【Size Variation（尺寸变化）】为30%，【Max Opacity（最大不透明度）】为100%，【Birth Color（出生颜色）】为紫色（R:231，G:149，B:255），【Death Color（死亡颜色）】为白色，如图3.7所示。

图3.7 设置Particle（粒子）参数

步骤10 在【效果和预设】面板中展开【风格化】特效组，然后双击【发光】特效。

步骤11 在【效果控件】面板中，修改【发光】特效的参数，设置【发光半径】为5，【发光强度】为10，【颜色B】为白色，如图3.8所示。

图3.8 设置发光

步骤12 在时间轴面板中，选中【装饰圆点】图层，将其图层模式更改为颜色减淡，如图3.9所示。

图3.9 更改图层模式

3.1.2　打造刷礼物动画

步骤01 在【项目】面板中，选中【戒指.png】素材，将其拖至时间轴面板中，在图像中将其放在适当位置，如图3.10所示。

图3.10　添加素材图像

步骤02 在时间轴面板中，将时间调整到00:00:00:05帧的位置，选中【戒指.png】图层，单击三维图层按钮，按P键打开【位置】，将【位置】更改为（540，960，-2000），单击【位置】左侧的码表，在当前位置添加关键帧。

步骤03 将时间调整到00:00:00:20帧的位置，将【位置】更改为（540，960，0），将时间调整到00:00:01:00帧的位置，将【位置】更改为（540，960，-30），将时间调整到00:00:01:10帧的位置，将【位置】更改为（540，960，0），系统将自动添加关键帧，制作位置动画，如图3.11所示。

图3.11　制作位置动画

● **提示**

单击【运动模糊】按钮之后，注意再单击时间轴面板上方的开关，将其激活。

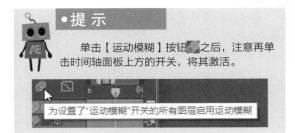

为设置了"运动模糊"开关的所有图层启用运动模糊

步骤04 单击【运动模糊】按钮，打开运动模糊，再选中当前图层中的位置关键帧，执行菜单栏中的【动画】|【关键帧辅助】|【缓动】命令，为动画添加缓动效果。

步骤05 在时间轴面板中，选中【戒指.png】图层，将时间调整到00:00:01:20帧的位置，按S键打开【缩放】，单击【缩放】左侧的码表，在当前位置添加关键帧。

步骤06 将时间调整到00:00:02:00帧的位置，将数值更改为（0，0，0），系统将自动添加关键帧，制作缩放动画，如图3.12所示。

图3.12　制作缩放动画

步骤07 在【项目】面板中，选中【火箭.png】素材，将其拖至时间轴面板中，在图像中将其放在适当位置，如图3.13所示。

图3.13　添加素材图像

步骤08 在时间轴面板中，将时间调整到00:00:02:05帧的位置，选中【火箭.png】图层，按P键打开【位置】，单击【位置】左侧的码表，在当前位置添加关键帧，在图像中将火箭图像向下移到图像之外的区域，如图3.14所示。

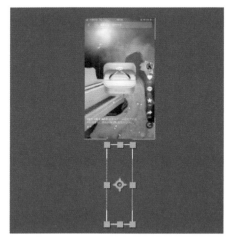

图3.14 添加关键帧及移动图像

步骤09 在时间轴面板中，将时间调整到00:00:03:00帧的位置，在图像中将火箭图像向上拖动，制作位置动画效果，系统将自动添加关键帧，如图3.15所示。

图3.15 拖动图像制作位置动画

步骤10 单击【运动模糊】按钮，打开运动模糊，再选中当前图层中的位置关键帧，执行菜单栏中的【动画】|【关键帧辅助】|【缓动】命令，为动画添加缓动效果。

步骤11 在时间轴面板中，将时间调整到00:00:03:05帧的位置，选中【跑车.png】图层，按P键打开【位置】，单击【位置】左侧的码表，按S键打开【缩放】，单击【缩放】左侧的码表，将【缩放】更改为（0，0），在当前位置添加关键帧，在图像中将跑车图像向左移到图像之外的区域，如图3.16所示。

图3.16 添加关键帧及移动图像

● 提 示

为了方便观察跑车的图像位置，应先将跑车图像移到图像之外的区域后，再更改其缩放值。

步骤12 在时间轴面板中，将时间调整到00:00:04:00帧的位置，将【缩放】更改为（100，100），【位置】更改为（501，933），将时间调整到00:00:05:00帧的位置，单击【位置】关键帧左侧的【在当前时间添加或移除关键帧】按钮，在当前位置添加一个延时帧，将时间调整到00:00:05:15帧的位置，将图像向右下角拖动，系统将自动添加关键帧，如图3.17所示。

步骤13 这样就完成了最终整体效果制作，按小键盘上的0键即可在合成窗口中预览动画。

图3.17 调整位置及缩放参数

3.2 游戏直播弹幕刷屏动画设计

• 实例解析

本例主要讲解游戏直播弹幕刷屏动画设计，本例的设计以游戏直播画面作为背景，通过添加文字并添加滚动关键帧制作出弹幕刷屏效果，最终效果如图3.18所示。

图3.18 动画流程画面

• 知识点

【位置动画】

3.2.1 添加文字信息

步骤01 执行菜单栏中的【合成】|【新建合成】命令，打开【合成设置】对话框，设置【合成名称】为"弹幕"，【宽度】为"1920"，【高度】为"1080"，【帧速率】为"25"，并设置【持续时间】为00:00:10:00秒，【背景颜色】为黑色，完成之后单击【确定】按钮，如图3.19所示。

图3.19 新建合成

步骤02 打开【导入文件】对话框，选择"工程文件\第3章\游戏直播弹幕刷屏动画设计\游戏.jpg"素材，如图3.20所示。

图3.20 导入素材

步骤03 在【项目】面板中，选中【游戏.jpg】素材，将其拖至时间轴面板中。

步骤04 选择工具箱中的【横排文字工具】，在图像中添加文字（Adobe 黑体 Std），如图3.21所示。

步骤05 在时间轴面板中，分别将3个文字所在图层的名称更改为【第一行】【第二行】【第三行】。

图3.21 添加文字

3.2.2 制作滚动效果

步骤01 在时间轴面板中，将时间调整到00:00:00:00帧的位置，同时选中3个图层，按P键打开【位置】，单击【位置】左侧的码表，在当前位置添加关键帧。

步骤02 在图像中将文字向右侧移到画布之外的区域，如图3.22所示。

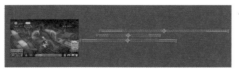

图3.22 移动图像

步骤03 在时间轴面板中，将时间调整到00:00:05:00帧的位置，选中【第一行】图层，将文字向左侧拖动，系统将自动添加关键帧，如图3.23所示。

图3.23 拖动文字

步骤04 在时间轴面板中，将时间调整到00:00:06:00帧的位置，选中【第二行】图层，将时间调整到00:00:07:00帧的位置，选中【第三行】图层，分别将文字向左侧拖动，系统将自动添加关键帧，制作位置动画效果，如图3.24所示。

步骤05 这样就完成了最终整体效果制作，按小键盘上的0键即可在合成窗口中预览动画。

图3.24 制作位置动画效果

3.3 网红美食主题动画设计

• 实例解析

本例主要讲解网红美食主题动画设计。本例的设计以汉堡爆炸图作为主体视觉图像，通过添加装饰元素表现出美食的特点完成整个效果制作，最终效果如图3.25所示。

图3.25 动画流程画面

• 知识点

【图层模式】【动态拼贴】【色调】【蒙版路径】

● 操作步骤

3.3.1 制作场景动画

步骤01 执行菜单栏中的【合成】|【新建合成】命令，打开【合成设置】对话框，设置【合成名称】为"场景"，【宽度】为"720"，【高度】为"405"，【帧速率】为"25"，并设置【持续时间】为00:00:05:00秒，【背景颜色】为黑色，完成之后单击【确定】按钮，如图3.26所示。

图3.27 导入素材

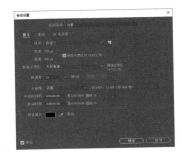

图3.26 新建合成

图3.28 添加素材图像

步骤02 打开【导入文件】对话框，选择"工程文件\第3章\网红美食主题动画设计\标志.png、放射图像.png、汉堡爆炸图.mp4、美食图标.png、色彩.mp4、烟.mp4、遮罩.mp4"素材，如图3.27所示。

步骤03 在【项目】面板中，选中【汉堡爆炸图.mp4】【遮罩.mp4】【色彩.mp4】及【烟.mp4】素材，将其拖至时间轴面板中，并将【遮罩.mp4】图层暂时隐藏，再将所有素材等比例缩小，如图3.28所示。

步骤04 在时间轴面板中，选中【色彩.mp4】图层，将其图层模式更改为相加，选中【烟.mp4】，将其图层模式更改为屏幕，如图3.29所示。

图3.29 更改图层模式

3.3.2 添加装饰元素

步骤01 执行菜单栏中的【合成】|【新建合成】命令，打开【合成设置】对话框，设置【合成名称】为"装饰元素"，【宽度】为"720"，【高度】为"405"，【帧速率】为"25"，并设置【持续时间】为00:00:05:00秒，【背景颜色】为黑色，完成之后单击【确定】按钮，如图3.30所示。

图3.30 新建合成

步骤02 在【项目】面板中，选中【美食图标.png】素材，将其拖至时间轴面板中。

步骤03 在【效果和预设】面板中展开【风格化】特效组，然后双击【动态拼贴】特效。

步骤04 在【效果控件】面板中，修改【动态拼贴】特效的参数，设置【输出宽度】为1110，【输出高度】为600，勾选【镜像边缘】复选框，如图3.31所示。

图3.31 设置动态拼贴

步骤05 在【效果和预设】面板中展开【颜色校正】特效组，然后双击【色调】特效。

步骤06 在【效果控件】面板中，修改【色调】特效的参数，设置【将白色映射到】为紫色（R:241，G:147，B:249），如图3.32所示。

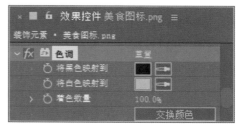

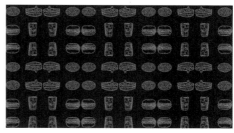

图3.32 设置色调

3.3.3 完成整体合成设计

步骤01 在【项目】面板中，选中【装饰元素】合成，将其拖至【场景】合成时间轴面板中，并将其移至【遮罩.mp4】图层下方。

步骤02 在时间轴面板中，设置【装饰元素】层的【轨道遮罩】为【3.遮罩.mp4】，如图3.33所示。

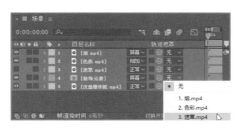

图3.33 设置轨道遮罩

步骤03 在时间轴面板中，选中【装饰元素】图层，将其图层模式更改为屏幕，按T键打开【不透明度】，将【不透明度】更改为30%，如图3.34所示。

图3.34 更改图层模式

步骤04 在【项目】面板中，选中【标志.png】及【放射图像.png】素材，将其拖至时间轴面板中，合成中显示效果如图3.35所示。

步骤05 在时间轴面板中，选中图层，选中工具箱中的【向后平移锚点工具】，在图像中更改图像定位点，如图3.36所示。

步骤06 在时间轴面板中，选中【放射图像.png】图层，将时间调整到00:00:03:00帧的位置，按S键打开【缩放】，单击【缩放】左侧的码表，在当前位置添加关键帧，将数值更改为（0，0）。

图3.35 添加素材图像

图3.36 更改图像定位点

步骤07 将时间调整到00:00:03:10帧的位置，将数值更改为（100，100），系统将自动添加关键帧，如图3.37所示。

图3.37 制作缩放动画

步骤08 在时间轴面板中，选中【标志.png】图层，以刚才同样的方法更改图像定位点，并在00:00:03:05帧的位置及00:00:03:15帧的位置为其制作缩放动画效果，如图3.38所示。

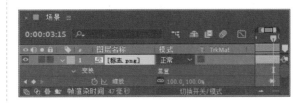

图3.38 再次制作缩放动画

3.3.4 添加文字信息

步骤01 选择工具箱中的【横排文字工具】，在图像中添加文字（Bernard MT Condensed），如图3.39所示。

图3.39 添加文字

步骤02 在【效果和预设】面板中展开【透视】特效组，然后双击【投影】特效。

步骤03 在【效果控件】面板中，修改【投影】特效的参数，设置【阴影颜色】为白色，【不透明度】为50%，【方向】为（0，225），【距离】为3，【柔和度】为0，如图3.40所示。

图3.40 设置投影

步骤04 选中工具箱中的【矩形工具】，选中【文字】图层，绘制一个细长蒙版路径，如图3.41所示。

图3.41 绘制蒙版路径

步骤05 将时间调整到00:00:03:00帧的位置,展开【蒙版】|【蒙版1】,单击【蒙版扩展】左侧的码表，在当前位置添加关键帧。

步骤06 将时间调整到00:00:03:15帧的位置,将【蒙版扩展】更改为200,系统将自动添加关键帧,制作出蒙版扩展动画效果,如图3.42所示。

图3.42 制作蒙版扩展动画

步骤07 选中工具箱中的【矩形工具】，在文字顶部绘制一个细长矩形,设置【填充】为白色,【描边】为无,将生成一个【形状图层 1】图层,如图3.43所示。

步骤08 在时间轴面板中,选中【形状图层 1】图层,按Ctrl+D组合键复制一个【形状图层 2】图层,在图像中将复制生成的矩形移至文字底部位置,如图3.44所示。

图3.43 绘制图形 图3.44 复制图形

步骤09 在时间轴面板中,将时间调整到00:00:03:15帧的位置,选中【形状图层1】图层,按P键打开【位置】,单击【位置】左侧的码表，在当前位置添加关键帧。

步骤10 在图像中将图形向左侧平移到合成之外的区域,如图3.45所示。

步骤11 将时间调整到00:00:04:00帧的位置,在图像中移动其位置,系统将自动添加关键帧,制作位置动画,如图3.46所示。

步骤12 以同样的方法选中【形状图层2】图层,为其制作同样的位置动画,如图3.47所示。

步骤13 这样就完成了最终整体效果制作,按小键盘上的0键即可在合成窗口中预览动画。

图3.45 添加关键帧

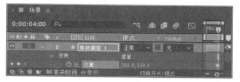

图3.46 制作位置动画

图3.47 再次制作位置动画

3.4 婚礼快闪短视频设计

● 实例解析

　　本例主要讲解婚礼快闪短视频设计。本例的设计以快闪文字与婚礼图像相结合，整个短视频制作比较简单，重点在于把握好短视频的节奏，最终效果如图3.48所示。

图3.48 动画流程画面

● 知识点

　　【入点】【出点】【蒙版路径】

3.4.1　制作快闪文字

步骤01 执行菜单栏中的【合成】|【新建合成】命令，打开【合成设置】对话框，设置【合成名称】为"快闪文字"，【宽度】为"720"，【高度】为"405"，【帧速率】为"25"，并设置【持续时间】为00:00:10:00秒，【背景颜色】为黑色，完成之后单击【确定】按钮，如图3.49所示。

步骤02 打开【导入文件】对话框，选择"工程文件\第3章\婚礼快闪短视频设计\新娘.jpg、新娘2.jpg、新郎和新娘.jpg、新郎和新娘2.jpg、新郎和新娘3.jpg"素材，如图3.50所示。

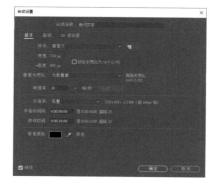

图3.49 新建合成

图3.50 导入素材

步骤03 执行菜单栏中的【图层】|【新建】|【纯色】命令，在弹出的对话框中将【名称】更改为红背景，【颜色】更改为红色（R:130，G:35，B:35），完成之后单击【确定】按钮。

步骤04 选择工具箱中的【横排文字工具】 **T**，在图像中添加文字（汉仪书魂体简），如图3.51所示。

图3.51 添加文字

步骤05 在时间轴面板中，选中【我们】图层，按Ctrl+D组合键复制4个新图层。

步骤06 分别双击复制的图层名称，将文字全部选中，在图像中更改文字内容，如图3.52所示。

图3.52 复制文字并更改内容

步骤07 在时间轴面板中，将时间调整到00:00:00:10帧的位置，选中【我们】图层，按]键设置动画出点，如图3.53所示。

图3.53 设置动画出点

步骤08 将时间调整到00:00:00:11帧的位置，选中【今天】图层，按[键设置图层入点。

步骤09 将时间调整到00:00:00:21帧的位置，选中【今天】图层，按Alt+]键设置图层出点，如图3.54所示。

图3.54 设置图层动画出入点

步骤10 以同样的方法分别选中其他几个图层，设置其出点或者入点，如图3.55所示。

图3.55 设置图层动画出入点

步骤11 在时间轴面板中，选中【红背景】图层，按D键复制一个新图层，将图层名称更改为【白背景】，并将其移至【结婚】图层下方，如图3.56所示。

步骤12 选中【白背景】图层，执行菜单栏中的【图层】|【纯色设置】命令，在弹出的对话框中将【颜色】更改为白色，完成之后单击【确定】按钮。

图3.56 复制图层

● 技 巧

选中纯色图层，按Ctrl+Shift+Y组合键可快速打开【纯色设置】对话框。

步骤13 将时间调整到00:00:01:08帧的位置，选中【白背景】图层，按[键设置图层入点。

步骤14 将时间调整到00:00:01:18帧的位置，选中【今天】图层，按Alt+]键设置图层出点。

步骤15 选中【结婚】图层，在【字符】面板中，将文字颜色更改为红色（R:130，G:35，B:35），如图3.57所示。

图3.57 设置图层出入点及更改文字颜色

3.4.2 打造快闪文字2

步骤01 执行菜单栏中的【合成】|【新建合成】命令，打开【合成设置】对话框，设置【合成名称】为"快闪文字2"，【宽度】为"720"，【高度】为"405"，【帧速率】为"25"，并设置【持续时间】为00:00:10:00秒，【背景颜色】为黑色，完成之后单击【确定】按钮，如图3.58所示。

图3.58 新建合成

步骤02 执行菜单栏中的【图层】|【新建】|【纯色】命令，在弹出的对话框中将【名称】更改为黑背景，【颜色】更改为黑色，完成之后单击【确定】按钮。

步骤03 选择工具箱中的【横排文字工具】 ，在图像中添加文字（汉仪书魂体简），如图3.59所示。

图3.59 添加文字

步骤04 在时间轴面板中，将时间调整到00:00:00:10帧的位置，选中【花好】图层，按]键设置动画出点。

步骤05 将时间调整到00:00:00:11帧的位置，选中【月圆】图层，按[键设置图层入点。

步骤06 将时间调整到00:00:00:21帧的位置，选中【月圆】图层，按Alt+]键设置图层出点，如图3.60所示。

图3.60 设置图层动画出入点

步骤07 在时间轴面板中，选中【黑背景】图层，按D键复制一个新图层，将图层名称更改为【红背景】，并将其移至【月圆】图层下方。

步骤08 选中【红背景】图层，执行菜单栏中的【图层】|【纯色设置】命令，在弹出的对话框中将【颜色】更改为红色（R:130，G:35，B:35），完成之后单击【确定】按钮。

步骤09 将时间调整到00:00:00:11帧的位置，选中【红背景】图层，按[键设置图层入点。

步骤10 将时间调整到00:00:00:21帧的位置，选中【月圆】图层，按Alt+]键设置图层出点，如图3.61所示。

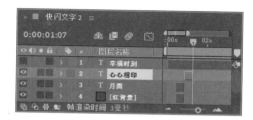

图3.61 设置图层出入点

● 提 示

在对当前图层进行操作的时候，为了方便观察操作效果，可以先将其上方所有图层暂时隐藏。

步骤11 在时间轴面板中，将时间调整到00:00:00:22帧的位置，选中【心心相印】图层，按[键设置动画入点。

步骤12 将时间调整到00:00:01:07帧的位置，按Alt+]组合键设置当前图层动画出点，如图3.62所示。

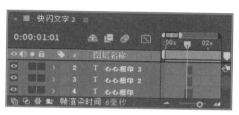

图3.62 设置图层动画出点

3.4.3 对快闪文字进行调整

步骤01 在时间轴面板中，选中【心心相印】图层，按D键复制一个【心心相印2】图层。

步骤02 将时间调整到00:00:01:01帧的位置，按Alt+[键设置当前图层动画入点，并在图像中将文字向上移动，如图3.63所示。

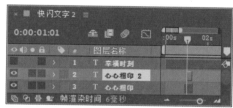

图3.63 复制图层

步骤03 在时间轴面板中，选中【心心相印2】图层，按D键复制一个【心心相印3】图层，选中【心心相印3】图层，在图像中将文字向下移动，如图3.64所示。

图3.64 复制图层并移动文字

步骤04 在时间轴面板中，选中【红背景】图层，按D键复制一个【红背景2】图层，将时间调整到00:00:01:08帧的位置，按[键设置当前图层动画入点，将时间调整到00:00:01:18帧的位置，按Alt+]组合键设置当前图层动画出点，如图3.65所示。

图3.65 设置图层动画出点

步骤05 在时间轴面板中，选中【幸福时刻】图层，将时间调整到00:00:01:08帧的位置，按[键设置图层动画入点，如图3.66所示。

图3.66 设置图层动画入点

步骤06 在时间轴面板中，选中【幸福时刻】图层，

将时间调整到00:00:01:08帧的位置，按S键打开【缩放】，单击【缩放】左侧的码表，在当前位置添加关键帧，将时间调整到00:00:01:10的位置，将【缩放】更改为（150，150），系统将自动添加关键帧，如图3.67所示。

图3.67 制作缩放动画

3.4.4 完成总合成制作

步骤01 执行菜单栏中的【合成】|【新建合成】命令，打开【合成设置】对话框，设置【合成名称】为"总合成"，【宽度】为"720"，【高度】为"405"，【帧速率】为"25"，并设置【持续时间】为00:00:10:00秒，【背景颜色】为黑色，完成之后单击【确定】按钮，如图3.68所示。

图3.68 新建合成

步骤02 在【项目】面板中，选中【快闪文字】【快闪文字2】合成，【新娘.jpg】【新娘2.jpg】【新郎和新娘.jpg】【新郎和新娘2.jpg】【新郎和新娘3.jpg】素材，将其拖至时间轴面板中，并调整好图层上下顺序，如图3.69所示。

步骤03 在时间轴面板中，将时间调整到00：00：02：05帧的位置，选中【快闪文字2】图层，按[键设置当前图层入点，如图3.70所示。

图3.69 添加素材及合成

图3.70 设置图层入点

步骤04 在时间轴面板中，将时间调整到00:00:04:00帧的位置，选中【新娘.jpg】图层，按[键设置当前图层入点。

步骤05 将时间调整到00:00:04:10帧的位置，选中【新娘.jpg】图层，按Alt+]组合键设置当前图层出点。

步骤06 将时间调整到00:00:04:11帧的位置，选中【新娘2.jpg】图层，按[键设置当前图层入点。

步骤07 将时间调整到00:00:04:21帧的位置，选中【新娘2.jpg】图层，按Alt+]组合键设置当前图层出点。

步骤08 将时间调整到00:00:04:22帧的位置，选中【新郎和新娘.jpg】图层，按[键设置当前图层入点。

步骤09 将时间调整到00:00:05:05帧的位置，选中【新郎和新娘.jpg】图层，按Alt+]组合键设置当前图层出点。

步骤10 将时间调整到00:00:05:06帧的位置，选中【新郎和新娘2.jpg】图层，按[键设置当前图层入点。

步骤11 将时间调整到00:00:05:16帧的位置，选中【新郎和新娘2.jpg】图层，按Alt+]组合键设置当前图层出点。

步骤12 将时间调整到00:00:05:17帧的位置，选中

【新郎和新娘3.jpg】图层，按[键设置当前图层入点，如图3.71所示。

图3.71　设置图层出点及入点

3.4.5　添加黑边装饰

步骤01 执行菜单栏中的【图层】|【新建】|【纯色】命令，在弹出的对话框中将【名称】更改为黑边，【颜色】更改为黑色，完成之后单击【确定】按钮。

步骤02 选中工具箱中的【矩形工具】■，选中【黑边】图层，绘制一个蒙版路径，如图3.72所示。

图3.72　绘制蒙版路径

步骤03 在时间轴面板中，展开【黑边】|【蒙版1】，勾选【反转】复选框，如图3.73所示。

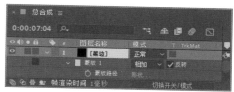

图3.73　将蒙版反向

3.5　小泥人音乐动画设计

• 实例解析

　　本例主要讲解小泥人音乐动画设计。小泥人动画是当下热门短视频中人气非常高的一种动画类型，其制作过程比较简单，最终效果如图3.74所示。

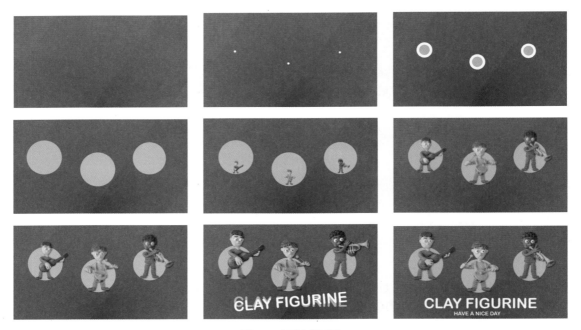

图3.74 动画流程画面

• 知识点

【缓动】【运动模糊】【缩放】【线性擦除】【蒙版路径】

• 操作步骤

3.5.1 打造场景动画 ▶▶

步骤01 执行菜单栏中的【合成】|【新建合成】命令，打开【合成设置】对话框，设置【合成名称】为"背景"，【宽度】为"720"，【高度】为"405"，【帧速率】为"25"，并设置【持续时间】为00:00:10:00秒，【背景颜色】为黑色，完成之后单击【确定】按钮，如图3.75所示。

步骤02 打开【导入文件】对话框，选择"工程文件\第3章\小泥人音乐动画设计\左侧小人.mov、中间小人.mov、右侧小人.mov"素材，如图3.76所示。

图3.76 导入素材

步骤03 执行菜单栏中的【图层】|【新建】|【纯色】命令，在弹出的对话框中将【名称】更改为背景，【颜色】更改为黑色，完成之后单击【确定】

图3.75 新建合成

按钮。

步骤04 在时间轴面板中，选中【背景】图层，在【效果和预设】面板中展开【生成】特效组，然后双击【梯度渐变】特效。

步骤05 在【效果控件】面板中，修改【梯度渐变】特效的参数，设置【渐变起点】为（360，405），【起始颜色】为紫色（R:33，G:0，B:82），【渐变终点】为（720，405），【结束颜色】为紫色（R:64，G:44，B:130），【渐变形状】为径向渐变，如图3.77所示。

图3.79 旋转图形

图3.77 添加梯度渐变

图3.80 更改图层模式

步骤06 选中工具箱中的【矩形工具】，绘制一个矩形，设置【填充】为白色，【描边】为无，将生成一个【形状图层1】图层，如图3.78所示。

步骤09 以刚才同样的方法在右下角位置再绘制一个黑色矩形，将其旋转，并更改其不透明度，如图3.81所示。

图3.78 绘制矩形

步骤07 在时间轴面板中，选中【形状图层1】图层，按R键打开【旋转】，将其数值更改为（0，35），如图3.79所示。

步骤08 在时间轴面板中，选中【形状图层1】层，按T键打开【不透明度】，将【不透明度】更改为10%，再将其图层模式更改为叠加，如图3.80所示。

图3.81 绘制图形

步骤01 执行菜单栏中的【合成】|【新建合成】命令，打开【合成设置】对话框，设置【合成名称】为"跳动小人"，【宽度】为"720"，【高度】为"405"，【帧速率】为"25"，并设置【持续时间】为00:00:10:00秒，【背景颜色】为黑色，完成之后单击【确定】按钮，如图3.82所示。

图3.82 新建合成

步骤02 选中工具箱中的【椭圆工具】 ，绘制一个圆形，设置【填充】为白色，【描边】为无，将生成一个【形状图层 1】图层，如图3.83所示。

步骤03 在时间轴面板中，选中【形状图层 1】图层，按Ctrl+D组合键复制一个【形状图层 2】图层。

图3.83 绘制圆形

步骤04 在时间轴面板中，选中【形状图层 1】图层，将时间调整到00:00:00:00帧的位置，按S键打开【缩放】，单击【缩放】左侧的码表 ，在当前位置添加关键帧，将数值更改为（0，0）。

步骤05 将时间调整到00:00:00:17帧的位置，将数值更改为（90，90），系统将自动添加关键帧，如图3.84所示。

步骤06 选中当前图层00:00:00:17处的关键帧，执行菜单栏中的【动画】|【关键帧辅助】|【缓动】命令，为动画添加缓动效果。

图3.84 制作缩放动画

步骤07 在时间轴面板中，选中【形状图层 2】图层，在选项栏中将其【填充】更改为青色（R:0，G:228，B:255），再将时间调整到00:00:00:02帧的位置，按S键打开【缩放】，单击【缩放】左侧的码表 ，在当前位置添加关键帧，将数值更改为（0，0）。

步骤08 将时间调整到00:00:00:19帧的位置，将数值更改为（90，90），系统将自动添加关键帧，如图3.85所示。

步骤09 选中当前图层00:00:00:19处的关键帧，执行菜单栏中的【动画】|【关键帧辅助】|【缓动】命令，为动画添加缓动效果。

图3.85 再次制作缩放动画

步骤10 在【项目】面板中，选中【右侧小人.mov】素材，将其拖至时间轴面板中。

步骤11 在图像中适当移动其位置，选择工具箱中的【向后平移锚点工具】 ，在图像中将中心点移至人物底部位置，如图3.86所示。

图3.86 添加素材图像

步骤12 在时间轴面板中，选中【右侧小人.mov】图层，将时间调整到00:00:00:19帧的位置，按S键打开【缩放】，单击【缩放】左侧的码表 🕐，在当前位置添加关键帧，将数值更改为（0，0）。

步骤13 将时间调整到00:00:01:05帧的位置，将数值更改为（40，40），系统将自动添加关键帧，如图3.87所示。

组，然后双击【投影】特效。

步骤15 在【效果控件】面板中，修改【投影】特效的参数，设置【距离】为20，【柔和度】为50，如图3.88所示。

图3.87 制作缩放动画

步骤14 在时间轴面板中，选中【右侧小人.mov】图层，在【效果和预设】面板中展开【透视】特效

图3.88 设置投影

3.5.3 对素材进行调整

步骤01 在时间轴面板中，选中【右侧小人.mov】图层，按D键复制一个【右侧小人.mov】图层，将复制的图层中的缩放关键帧删除，再将时间调整到00:00:01:19帧的位置，按[键设置图层入点，如图3.89所示。

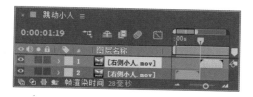

图3.89 设置图层入点

步骤02 以同样的方法将小人动画图层再复制数份，并分别设置图层动画入点，将整个视频素材连贯，制作出连续性动画效果，如图3.90所示。

图3.90 复制图层制作连续动画

步骤03 在时间轴面板中，选中最下方的【右侧小人.mov】图层，在【效果控件】面板中，选中【投影】效果，按Ctrl+C组合键将其复制，同时选中

其他几个小人图层，在【效果控件】面板中，按Ctrl+V组合键将其粘贴，如图3.91所示。

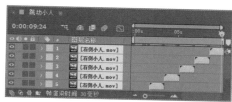

图3.91 复制并粘贴效果

步骤04 在时间轴面板中，选中最下方的【右侧小人.mov】图层，单击【运动模糊】图标 🖌，开启运动模糊，如图3.92所示。

图3.92 开启运动模糊

●提 示

为当前图层开启运动模糊之后，需要单击图层名称上方的启用运动模糊按钮，才能实现动画的运动模糊效果。

3.5.4 制作多个动画

步骤01 在【项目】面板中，选中【跳动小人】合成，按D键复制【跳动小人2】及【跳动小人3】两个新合成，如图3.93所示。

图3.93 复制新合成

步骤02 双击【跳动小人2】合成将其打开，将所有与小人相关的图层删除。

步骤03 在【项目】面板中，选中【中间小人.mov】素材，将其拖至时间轴面板中并适当缩小。

步骤04 在图像中适当移动其位置，选择工具箱中的【向后平移锚点工具】，在图像中将中心点移至人物底部位置，如图3.94所示。

图3.94 添加素材

步骤05 打开【跳动小人】合成，选中其中一个【右侧小人.mov】图层，在【效果控件】面板中，选中【投影】效果，按Ctrl+C组合键将其复制。

步骤06 在【跳动小人2】图层中，选中小人图层，

在【效果控件】面板中，按Ctrl+V组合键将其粘贴，如图3.95所示。

图3.95 复制并粘贴效果

步骤07 在时间轴面板中，选中【中间小人.mov】图层，将时间调整到00:00:00:19帧的位置，将其入点调整到当前位置，然后按S键打开【缩放】，单击【缩放】左侧的码表，在当前位置添加关键帧，将数值更改为（0，0）。

步骤08 将时间调整到00:00:01:05帧的位置，将数值更改为（40，40），系统将自动添加关键帧，如图3.96所示。

图3.96 制作缩放动画

步骤09 在时间轴面板中，选中【中间小人.mov】图层，按D键复制一个【中间小人.mov】图层，将复制的图层中的缩放关键帧删除，再将时间调整到00:00:01:11帧的位置，按[键设置图层入点，如图3.97所示。

图3.97 设置图层入点

步骤10 以之前同样的方法将小人动画图层再复制数份，并分别设置图层动画入点，将整个视频素材连贯，制作出连续性动画效果，如图3.98所示。

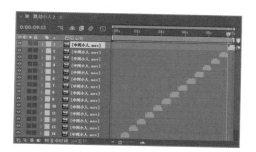

图3.98　复制图层制作连续动画

● **提示**

在为中间小人制作动画之后，需要打开运动模糊开关。

步骤11 在【项目】面板中，双击【跳动小人 3】合成名称将其打开，以刚才同样的方法对小人素材进行更换，如图3.99所示。

图3.99　制作小人动画合成

3.5.5　完成总合成动画设计

步骤01 执行菜单栏中的【合成】|【新建合成】命令，打开【合成设置】对话框，设置【合成名称】为"文字动画"，【宽度】为"500"，【高度】为"120"，【帧速率】为"25"，并设置【持续时间】为00:00:10:00秒，【背景颜色】为黑色，完成之后单击【确定】按钮，如图3.100所示。

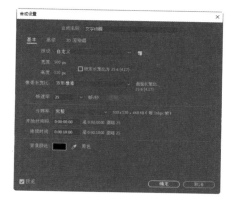

图3.100　新建合成

步骤02 选择工具箱中的【横排文字工具】，在图像中添加文字（Arial Rounded MT Bold），如图3.101所示。

CLAY FIGURINE

图3.101　添加文字

步骤03 在时间轴面板中，选中【文字】图层，按Ctrl+D组合键复制一个【文字2】图层。

步骤04 在时间轴面板中，选中【文字】图层，将其文字颜色更改为青色（R:0，G:228，B:255）。

步骤05 在时间轴面板中，选中【文字2】图层，将时间调整到00:00:00:00帧的位置，按R键打开【旋转】，单击【旋转】左侧的码表，在当前位置添加关键帧。

步骤06 将时间调整到00:00:00:03帧的位置，将【旋转】更改为（0，−5），将时间调整到00:00:00:03帧的位置，将【旋转】更改为（0，7），将时间调整到00:00:00:07帧的位置，将【旋转】更改为（0，−7），将时间调整到00:00:00:12帧的位置，将【旋转】更改为（0，5），将时间调整到00:00:00:13帧的位置，将【旋转】更改为（0，0），系统将自动添加关键帧，制作出旋转动画，如图3.102所示。

图3.102 制作旋转动画

步骤07 在时间轴面板中，选中旋转中的所有关键帧，按Ctrl+C组合键将其复制，将时间调整到00:00:01:00帧的位置，按Ctrl+V组合键将其粘贴，以同样的方法再复制多个关键帧，并将其粘贴，如图3.103所示。

图3.103 复制并粘贴关键帧

步骤08 在【项目】面板中，同时选中【文字动画】【跳动小人】【跳动小人2】及【跳动小人3】合成，将其拖至【背景】时间轴面板中，在图像中将其适当缩小并放在适当位置，如图3.104所示。

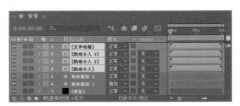

图3.104 添加素材图像

步骤09 在时间轴面板中，将时间调整到00:00:01:10帧的位置，选中【文字动画】合成，在【效果和预设】面板中展开【过渡】特效组，然后双击【线性擦除】特效。

步骤10 在【效果控件】面板中，修改【线性擦除】特效的参数，设置【过渡完成】为100%，单击【过渡完成】左侧的码表◎，在当前位置添加关键帧，将【擦除角度】更改为（0，-3），如图3.105所示。

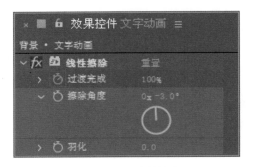

图3.105 设置线性擦除

步骤11 在时间轴面板中，将时间调整到00:00:02:00帧的位置，将【过渡完成】更改为0%，系统将自动添加关键帧，如图3.106所示。

图3.106 更改过渡完成

3.5.6 添加相关文字信息

步骤01 选择工具箱中的【横排文字工具】**T**，在图像中添加文字（Arial Rounded MT Bold），如图3.107所示。

图3.107 添加文字

步骤02 选中工具箱中的【矩形工具】■，选中【小字】图层，在文字左侧位置绘制一个蒙版路径，如图3.108所示。

图3.108 绘制蒙版

步骤03 将时间调整到00:00:02:00帧的位置，展开【蒙版】|【蒙版1】，单击【蒙版路径】左侧的码表，在当前位置添加关键帧，如图3.109所示。

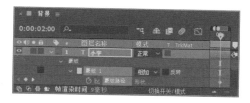

图3.109 添加关键帧

步骤04 将时间调整到00:00:03:00帧的位置，调整蒙版路径，系统将自动添加关键帧，如图3.110所示。

图3.110 调整蒙版路径

步骤05 这样就完成了最终整体效果制作，按小键盘上的0键即可在合成窗口中预览动画。

第**4**章
Chapter

视频路径
movie /4.1 网红个人动感展示设计.avi
movie /4.2 舞者达人Vlog设计.avi

网红小达人包装设计

内容摘要

　　本章主要讲解网红小达人包装设计。网红小达人的设计主要围绕网红个人本身进行设计，其设计过程中应当突出网红的特点，通过对网红小达人的特点进行描述或者采用动画的形式来表现其个性，这是本章需要学习的重点。本章主要列举网红个人动感展示设计以及舞者达人Vlog设计实例，通过对本章的学习可以对网红小达人包装设计有一个基本的了解。

教学目标

☐ 学会网红个人动感展示设计
☐ 了解舞者达人Vlog设计

4.1　网红个人动感展示设计

• 实例解析

　　本例主要讲解网红个人动感展示设计，本例的设计只需要简单的效果控件即可实现漂亮的动画效果，整个制作过程比较简单，最终效果如图4.1所示。

图4.1 动画流程画面

● 知识点

【卡片擦除】【表达式】【梯度渐变】【色阶】【色相/饱和度】

● 操作步骤

4.1.1 制作动感背景

步骤01 执行菜单栏中的【合成】|【新建合成】命令，打开【合成设置】对话框，设置【合成名称】为"碎片化"，【宽度】为"720"，【高度】为"405"，【帧速率】为"25"，并设置【持续时间】为00:00:10:00秒，【背景颜色】为黑色，完成之后单击【确定】按钮，如图4.2所示。

图4.2 新建合成

步骤02 打开【导入文件】对话框，选择"工程文件\第4章\网红个人动感展示设计\人物.png"素材，如图4.3所示。

图4.3 导入素材

步骤03 执行菜单栏中的【图层】|【新建】|【纯色】命令，在弹出的对话框中将【名称】更改为背景，【颜色】更改为黑色，完成之后单击【确定】按钮。

步骤04 在时间轴面板中，选中【背景】图层，在【效果和预设】面板中展开【生成】特效组，然后双击【梯度渐变】特效。

步骤05 在【效果控件】面板中，修改【梯度渐变】特效的参数，设置【渐变起点】为（720，200），【起始颜色】为紫色（R:190，G:96，B:226），【渐变终点】为（0，200），【结束颜色】为青色（R:0，G:208，B:242），【渐变形状】为线性渐变，如图4.4所示。

图4.4 添加梯度渐变

步骤06 在【项目】面板中，选中【人物.png】素材，将其拖至时间轴面板中。

步骤07 在时间轴面板中，选中【人物.png】图层，按Ctrl+D组合键复制一个新图层，将原图层名称更改为【碎片人物】，如图4.5所示。

图4.5 复制图层

步骤08 在时间轴面板中，将时间调整到00:00:00:00帧的位置，选中【碎片人物】图层，按T键打开【不透明度】，将【不透明度】更改为0%，单击【不透明度】左侧的码表，在当前位置添加关键帧。

步骤09 将时间调整到00:00:01:00帧的位置，将【不透明度】更改为100%，将时间调整到00:00:02:00帧的位置，将【不透明度】更改为0%，将时间调整到00:00:03:00帧的位置，将【不透明度】更改为100%，系统将自动添加关键帧，以同样的方法每隔25帧更改一次不透明度，制作不透明度动画，如图4.6所示。

步骤10 选中当前图层中的所有不透明度关键帧，执行菜单栏中的【动画】|【关键帧辅助】|【缓动】命令，为动画添加缓动效果。

图4.6 制作不透明度动画

步骤11 在时间轴面板中，选中【碎片人物】图层，将时间调整到00:00:00:00帧的位置，按P键打开【位置】，按住Alt键单击【位置】左侧的码表，输入（wiggle(10,20)），为当前图层添加表达式，如图4.7所示。

图4.7 添加表达式

步骤12 在时间轴面板中，选中【碎片人物】图层，将时间调整到00:00:00:00帧的位置，在【效果和预设】面板中展开【过渡】特效组，然后双击【卡片擦除】特效。

步骤13 在【效果控件】面板中，修改【卡片擦除】特效的参数，设置【过渡完成】为78%，【过渡宽度】为88，【随机时间】为0.5，【随机植入】为1。

步骤14 按住Alt键单击【行数】，输入（wiggle(10,10)），按住Alt键单击【列数】，输入（wiggle(10,10)），按住Alt键单击【卡片缩放】，输入（wiggle(2,2)），添加表达式，如图4.8所示。

●提示

在为【碎片人物】图层添加卡片擦除特效时，为了方便观察效果，应当先将【人物.png】图层暂时隐藏。

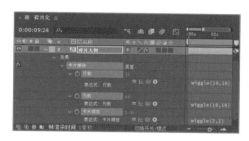

图4.8 添加表达式

4.1.2 为画面调色

步骤01 执行菜单栏中的【图层】|【新建】|【纯色】命令，在弹出的对话框中将【名称】更改为颜色叠加，【颜色】更改为黑色，完成之后单击【确定】按钮。

步骤02 在时间轴面板中，选中【颜色叠加】图层，将其图层模式更改为柔光，按T键打开【不透明度】，将【不透明度】更改为80%，如图4.9所示。

图4.9 更改不透明度

步骤03 执行菜单栏中的【图层】|【新建】|【调整图层】命令，新建一个【调整图层1】图层。

步骤04 在【效果和预设】面板中展开【颜色校正】特效组，然后双击【色阶】特效。

步骤05 在【效果控件】面板中，修改【色阶】特效的参数，如图4.10所示。

步骤06 在【效果和预设】面板中展开【颜色校正】特效组，然后双击【色相/饱和度】特效。

步骤07 在【效果控件】面板中，修改【色相/饱和度】特效的参数，将【主饱和度】更改为-20，如图4.11所示。

图4.10 调整色阶

图4.11 调整主通道

步骤08 选择【通道控制】为洋红，将【洋红饱和度】更改为30，【洋红亮度】更改为-20，如图4.12所示。

图4.12 调整洋红通道

4.1.3 制作文字动画 ▶▶

步骤01 选择工具箱中的【横排文字工具】 Ｔ，在图像中添加文字（AvantGarde LT ExtraLight、AvantGarGotItcTEE），如图4.13所示。

图4.13 添加文字

步骤02 在时间轴面板中，将时间调整到00:00:01:00帧的位置，选中【上方文字】图层，按T键打开【不透明度】，将【不透明度】更改为0%，单击【不透明度】左侧的码表 ，在当前位置添加关键帧。

步骤03 将时间调整到00:00:01:10帧的位置，将【不透明度】更改为100%，系统将自动添加关键帧，制作不透明度动画，如图4.14所示。

图4.14 制作不透明度动画

步骤04 在时间轴面板中，将时间调整到00:00:01:10帧的位置，选中【下方文字】图层，按T键打开【不透明度】，将【不透明度】更改为0%，单击【不透明度】左侧的码表 ，在当前位置添加关键帧。

步骤05 将时间调整到00:00:01:20帧的位置，将【不透明度】更改为100%，系统将自动添加关键帧，制作不透明度动画，如图4.15所示。

图4.15 制作不透明度动画

步骤06 选中所有图层关键帧，执行菜单栏中的【动画】|【关键帧辅助】|【缓动】命令，为动画添加缓动效果，如图4.16所示。

图4.16 添加缓动效果

步骤07 这样就完成了最终整体效果制作，按小键盘上的0键即可在合成窗口中预览动画。

4.2 舞者达人Vlog设计

● 实例解析

本例主要讲解舞者达人Vlog设计。本例的设计以突出漂亮的舞者个人风采为制作重点，通过制作动感星形背景并且添加各类装饰元素完成整个动画的设计，最终效果如图4.17所示。

图4.17 动画流程画面

• 知识点

【单元格图案】【CC Star Burst（CC星爆）】【CC Particle World（CC 粒子世界）】【色阶】【照片滤镜】

• 操作步骤

4.2.1 设计出晶格背景

步骤01 执行菜单栏中的【合成】|【新建合成】命令，打开【合成设置】对话框，设置【合成名称】为"亮点"，【宽度】为"1500"，【高度】为"1500"，【帧速率】为"25"，并设置【持续时间】为00:00:15:00秒，【背景颜色】为"黑色"，如图4.18所示。

步骤02 打开【导入文件】对话框，选择"工程文件\第4章\舞者达人Vlog设计\光.jpg、舞者.png、舞者2.png"素材，如图4.19所示。

图4.19 导入素材

图4.18 新建合成

●提示

在导入文件夹的时候需要注意，选中背景图文件夹，并单击对话框底部的【导入文件夹】按钮。

步骤03 执行菜单栏中的【图层】|【新建】|【纯色】命令，在弹出的对话框中将【名称】更改为方格，【颜色】更改为黑色，完成之后单击【确定】按钮。

步骤04 在时间轴面板中，将时间调整到00:00:00:00帧的位置，选中【方格】图层，在【效果和预设】面板中展开【生成】特效组，然后双击【单元格图案】特效。

步骤05 在【效果控件】面板中，修改【单元格图案】特效的参数，设置【单元格图案】为印板，【分散】为0，【大小】为40，【偏移】为（1000，1000），单击【演化】左侧的码表，在当前位置添加关键帧，如图4.20所示。

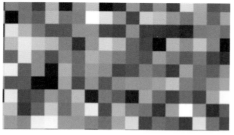

图4.20 设置单元格图案

步骤06 在时间轴面板中，将时间调整到00:00:14:24帧的位置，选中【方格】图层，将【演化】更改为10x，系统将自动添加关键帧，如图4.21所示。

图4.21 更改数值

步骤07 在时间轴面板中，选中【方格】图层，在【效果和预设】面板中展开【模拟】特效组，然后双击【CC Star Burst（CC星爆）】特效。

步骤08 在【效果控件】面板中，修改【CC Star Burst（CC星爆）】特效的参数，设置【Scatter（散射）】为0，【Speed（速度）】为0，【Phase（相位）】为0，【Gird Spacing（栅格间距）】为17，【Size（大小）】为70，如图4.22所示。

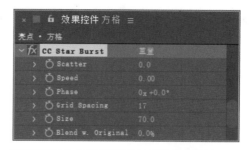

图4.22 设置CC Star Burst（CC星爆）

步骤09 执行菜单栏中的【图层】|【新建】|【调整图层】命令，将生成一个【调整图层1】图层。

步骤10 在时间轴面板中，选中【调整图层1】图层，在【效果和预设】面板中展开【颜色校正】特效组，然后双击【色阶】特效。

步骤11 在【效果控件】面板中，修改【色阶】特效的参数，如图4.23所示。

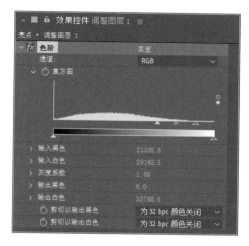

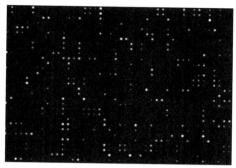

图4.23 设置色阶

4.2.2 制作放射光效果

步骤01 执行菜单栏中的【合成】|【新建合成】命令，打开【合成设置】对话框，设置【合成名称】为"放射光"，【宽度】为"1500"，【高度】为"1500"，【帧速率】为"25"，并设置【持续时间】为00:00:15:00秒，【背景颜色】为"黑色"，如图4.24所示。

图4.24 新建合成

步骤02 执行菜单栏中的【图层】|【新建】|【纯色】命令，在弹出的对话框中将【名称】更改为粒子，【颜色】更改为黑色，完成之后单击【确定】按钮。

步骤03 在时间轴面板中，将时间调整到00:00:00:00帧的位置，选中【粒子】图层，在【效果和预设】面板中展开【模拟】特效组，然后双击【CC Particle World（CC 粒子世界）】特效。

步骤04 在【效果控件】面板中，修改【CC Particle World（CC 粒子世界）】特效的参数，设置【Birth Rate（出生速率）】为0，单击其左侧的码表，在当前位置添加关键帧，【Longevity(sec)（寿命）】为1.5，如图4.25所示。

图4.25 设置Longevity(sec)（寿命）

步骤05 展开【Physics（物理学）】选项，将【Velocity（速率）】更改为0.8，【Gravity（重力）】更改为0，如图4.26所示。

图4.26 设置Physics（物理学）

步骤06 展开【Particle（粒子）】选项，将【Particle Type（粒子类型）】更改为

Tetrahedron（四面体），【Rotation Speed（转速）】为0，【Initial Rotation（初始旋转）】为0，【Birth Size（出生尺寸）】为0.01，【Death Size（死亡尺寸）】为0.1，【Birth Color（出生颜色）】为白色，【Death Color（死亡颜色）】为橙色（R:255，G:138，B:0），如图4.27所示。

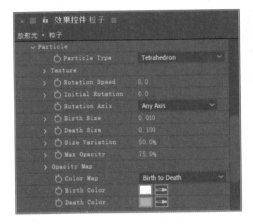

图4.27 设置Particle（粒子）

步骤07 在时间轴面板中，将时间调整到00:00:02:00帧的位置，将【Birth Rate（出生速率）】更改为2，系统将自动添加关键帧，如图4.28所示。

图4.28 更改数值

步骤08 在【效果控件】面板中，按住Alt键单击【Birth Rate（出生速率）】左侧的码表，输入以下表达式：loopOut(type = "cycle", numKeyframes = 0)，如图4.29所示。

图4.29 添加表达式

4.2.3 **打造星形动画**

步骤01 执行菜单栏中的【合成】|【新建合成】命令，打开【合成设置】对话框，设置【合成名称】为"星形"，【宽度】为"200"，【高度】为"200"，【帧速率】为"25"，并设置【持续时间】为00:00:15:00秒，【背景颜色】为"黑色"，如图4.30所示。

图4.30 新建合成

步骤02 选择工具箱中的【星形工具】，在图像中绘制一个星形，设置【填充】为红色（R:255，G:0，B:0），如图4.31所示。

图4.31 绘制星形

步骤03 在时间轴面板中，选中【形状图层 1】图层，依次展开【内容】|【多边星形 1】|【多边星形

路径 1】，将【内径】更改为30，【外径】更改为70，如图4.32所示。

图4.32 更改数值

步骤04 执行菜单栏中的【合成】|【新建合成】命令，打开【合成设置】对话框，设置【合成名称】为"放射星星"，【宽度】为"1500"，【高度】为"1500"，【帧速率】为"25"，并设置【持续时间】为00:00:15:00秒，【背景颜色】为"黑色"，如图4.33所示。

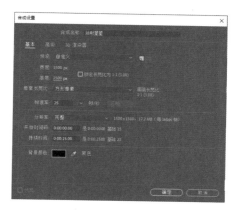

图4.33 新建合成

步骤05 在【项目】面板中，选中【星形】合成，将其拖至【放射星星】合成时间轴面板中。

步骤06 执行菜单栏中的【图层】|【新建】|【纯色】命令，在弹出的对话框中将【名称】更改为粒子，【颜色】更改为黑色，完成之后单击【确定】按钮。

步骤07 在时间轴面板中，选中【粒子】图层，在【效果和预设】面板中展开【模拟】特效组，然后双击【CC Particle World（CC 粒子世界）】特效。

步骤08 在【效果控件】面板中，修改【CC Particle World（CC 粒子世界）】特效的参数，展开【Grid&Guides（网格与向导）】选项，取消勾选【Radius（半径）】复选框，如图4.34所示。

图4.34 取消勾选Radius（半径）复选框

步骤09 设置【Birth Rate（出生速率）】为1，单击其左侧的码表，在当前位置添加关键帧，设置【Longevity(sec)（寿命）】为0.7，如图4.35所示。

图4.35 设置Longevity(sec)（寿命）

步骤10 展开【Producer（发生器）】选项，将【Radius X（X轴半径）】更改为0.5，【Radius Y（Y轴半径）】更改为0.5，【Radius Z（Z轴半径）】更改为0.5，如图4.36所示。

步骤11 展开【Physics（物理学）】选项组，将【Animation（动画）】更改为Viscouse（纤维胶），【Gravity（重力）】更改为0，如图4.37所示。

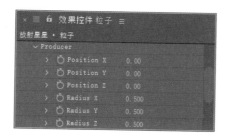

图4.36 设置Producer（发生器）

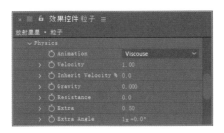

图4.37 设置Physics（物理学）

步骤12 展开【Particle（粒子）】选项组，将【Particle Type（粒子类型）】更改为Textured Disc（纹理盘），展开【Texture（纹理）】选项组，将【Texture Layer（纹理层）】更改为星形，【Rotation Speed（旋转速度）】更改为180，【Initial Rotation（初始旋转）】更改为360，【Birth Size（出生尺寸）】更改为0.3，【Death Size（死亡尺寸）】更改为0.3，【Size Variation（尺寸变化）】更改为20%，【Max Opacity（最大不透明度）】更改为75%，如图4.38所示。

图4.38 设置Particle（粒子）

步骤13 在时间轴面板中，将时间调整到00:00:01:00帧的位置，将【Birth Rate（出生速率）】更改为0，系统将自动添加关键帧，如图4.39所示。

图4.39 更改数值

步骤14 在【效果控件】面板中，按住Alt键单击【Birth Rate（出生速率）】左侧的码表 ，输入以下表达式：loopOut(type = "cycle", numKeyframes = 0)，如图4.40所示。

图4.40 添加表达式

步骤15 在时间轴面板中，选中【粒子】图层，在【效果和预设】面板中展开【生成】特效组，然后双击【填充】特效。

步骤16 在【效果控件】面板中，修改【填充】特效的参数，设置【颜色】为橙色（R:255，G:121，B:48），如图4.41所示。

图4.41 设置填充

步骤17 在时间轴面板中，将【星形】合成隐藏，如图4.42所示。

步骤18 在【项目】面板中，选中【放射星星】合成，按Ctrl+D组合键复制一个【放射星星2】合成。

图4.42 隐藏合成

图4.43 更改星形填充及描边

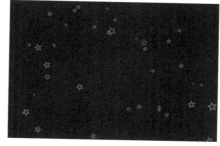

图4.44 设置填充

步骤19 双击【放射星星2】合成，在时间轴面板中，双击【星形】合成，在出现的时间轴面板中，将星形【填充】更改为无，【描边】更改为红色（R:255，G:0，B:0），【描边宽度】更改为15，如图4.43所示。

步骤20 在【放射星星2】合成中，选中【粒子】图层，在【效果控件】面板中，将【填充】中的【颜色】更改为紫色（R:170，G:70，B:255），如图4.44所示。

4.2.4 制作水晶装饰

步骤01 执行菜单栏中的【合成】|【新建合成】命令，打开【合成设置】对话框，设置【合成名称】为"水晶"，【宽度】为"1500"，【高度】为"1500"，【帧速率】为"25"，并设置【持续时间】为00:00:15:00秒，【背景颜色】为"黑色"，如图4.45所示。

步骤02 执行菜单栏中的【图层】|【新建】|【纯色】命令，在弹出的对话框中将【名称】更改为小格子，【颜色】更改为白色，完成之后单击【确定】按钮。

图4.45 新建合成

步骤03 选中【小格子】图层，在【效果和预设】面板中展开【生成】特效组，然后双击【单元格图案】特效。

步骤04 在时间轴面板中，将时间调整到00:00:00:00帧的位置，在【效果控件】面板中，修改【单元格图案】特效的参数，设置【单元格图案】为印板，【分散】为0，【大小】为15，单击【演化】左侧的码表，在当前位置添加关键帧，展开【演化选项】，勾选【循环演化】复选框，如图4.46所示。

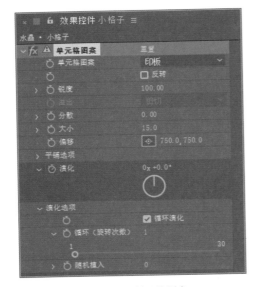

图4.46 设置单元格图案

步骤05 在时间轴面板中，将时间调整到00:00:14:24帧的位置，选中【小格子】图层，将【演化】更改为10x，系统将自动添加关键帧，如图4.47所示。

图4.47 更改数值

步骤06 在时间轴面板中，选中【小格子】图层，按S键打开【缩放】，单击【约束比例】，将【缩放】更改为（250，100），如图4.48所示。

步骤07 执行菜单栏中的【图层】|【新建】|【调整图层】命令，将生成一个【调整图层2】图层。

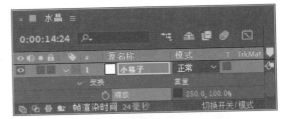

图4.48 更改缩放

步骤08 在时间轴面板中，选中【调整图层2】图层，在【效果和预设】面板中展开【颜色校正】特效组，然后双击【色阶】特效。

步骤09 在【效果控件】面板中，修改【色阶】特效的参数，如图4.49所示。

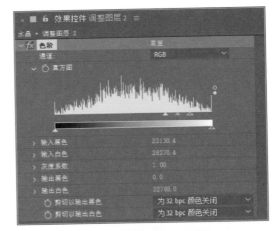

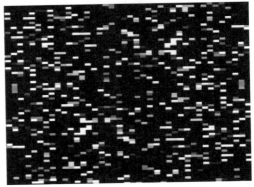

图4.49 调整色阶

步骤10 在时间轴面板中，选中【小格子】图层，按 Ctrl+D组合键将图层复制一份，将生成的图层移至最上方，并将其名称更改为【细格子】，如图4.50所示。

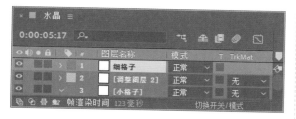

图4.50 复制图层

步骤11 在时间轴面板中，选中【细格子】图层，按S键打开【缩放】，将【缩放】更改为（100，100），如图4.51所示。

图4.51 更改缩放

步骤12 在【效果控件】面板中，将【单元格图案】更改为枕状，【大小】更改为3，如图4.52所示。

步骤13 在时间轴面板中，选中【细格子】图层，将其图层模式更改为相乘，如图4.53所示。

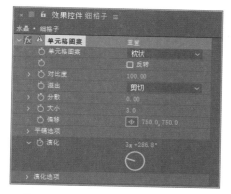

图4.52 更改单元格

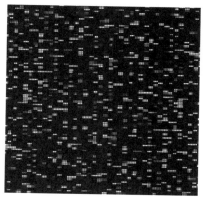

图4.53 更改图层模式

4.2.5 打造华丽背景

步骤01 执行菜单栏中的【合成】|【新建合成】命令，打开【合成设置】对话框，设置【合成名称】为

"华丽背景"，【宽度】为"720"，【高度】为"405"，【帧速率】为"25"，并设置【持续时间】为00:00:15:00秒，【背景颜色】为"黑色"，如图4.54所示。

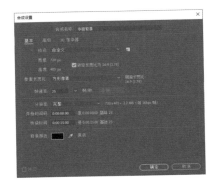

图4.54 新建合成

步骤02 在【项目】面板中选择【光.jpg】素材，将其拖动到【华丽背景】合成的时间轴面板中并将其适当缩小，如图4.55所示。

图4.55 添加素材图像

步骤03 在时间轴面板中，选中【光.jpg】图层，在【效果和预设】面板中展开【颜色校正】特效组，然后双击【照片滤镜】特效。

步骤04 在【效果控件】面板中，修改【照片滤镜】特效的参数，设置【滤镜】为品红，【密度】为100%，如图4.56所示。

步骤05 在【项目】面板中选择【亮点】合成，将其拖动到【华丽背景】合成的时间轴面板中并将其图层模式更改为相加，在图像中将其等比例缩小。

步骤06 按R键打开【旋转】，将【旋转】更改为（0，45），如图4.57所示。

步骤07 在【项目】面板中选择【放射星星】及【放射星星2】合成，将其拖动到【华丽背景】合成的时间轴面板中并将其图层模式更改为相加，再将其等比例缩小，如图4.58所示。

图4.56 设置照片滤镜

图4.57 旋转图像

图4.58 添加素材

步骤08 在时间轴面板中，选中【放射星星 2】合成，按R键打开【旋转】，将【旋转】更改为（0，45），如图4.59所示。

图4.59 旋转图像

步骤09 在【项目】面板中，选中【水晶】合成，将其拖至【华丽背景】合成时间轴面板中，按R键打开【旋转】，将【旋转】更改为（0，−45），在图像中将其等比例缩小，如图4.60所示。

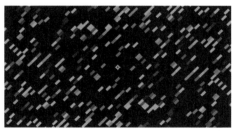

图4.60 添加素材图像

步骤10 在时间轴面板中，选中【水晶】图层，将其图层模式更改为叠加，再按T键，打开【不透明度】，将【不透明度】更改为30%，如图4.61所示。

步骤11 选择工具箱中的【椭圆工具】，选中【水晶】图层，在图像中按住Shift键绘制一个正圆蒙版，如图4.62所示。

图4.61 更改不透明度

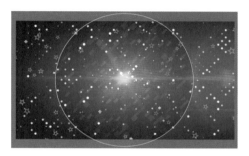

图4.62 绘制蒙版

步骤12 按F键打开【蒙版羽化】，将其数值更改为（200，200），勾选【反转】复选框，如图4.63所示。

图4.63 设置蒙版羽化

4.2.6 添加星形动画特效

步骤01 执行菜单栏中的【合成】|【新建合成】命令，打开【合成设置】对话框，设置【合成名称】为"星形动画"，【宽度】为"720"，【高度】为"405"，【帧速率】为"25"，并设置【持续时间】为00:00:15:00秒，【背景颜色】为"黑色"，如图4.64所示。

图4.64 新建合成

步骤02 选择工具箱中的【星形工具】，在图像中绘制一个星形，设置【填充】为无，【描边】为橙色（R:255，G:180，B:48），【描边宽度】为15，如图4.65所示。

图4.65 绘制星形

● **提示**
在绘制星的形过程中可对星形进行旋转。

步骤03 在时间轴面板中，选中【形状图层1】图层，按Ctrl+D组合键复制一个【形状图层2】图层。

步骤04 选中【形状图层2】图层，将其等比例缩小，并将其【描边】更改为紫色（R:196，G:70，B:255），【描边宽度】更改为20，如图4.66所示。

图4.66 复制图形

步骤05 以同样的方法将星形再复制两份，并分别更改其描边颜色及描边宽度，如图4.67所示。

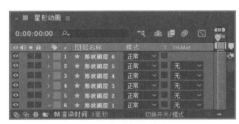

图4.67 复制图形

步骤06 执行菜单栏中的【图层】|【新建】|【摄像机】命令，新建一个【摄像机1】图层。

步骤07 选中所有图层，单击图标，打开图层3D开关，如图4.68所示。

步骤08 在时间轴面板中，将时间调整到00:00:00:00帧的位置，选中除【摄像机1】之外的所有图层，按P键打开【位置】，单击【位置】左侧的码表，在当前位置添加关键帧，如图4.69所示。

图4.68 新建摄像机图层及打开3D开关

图4.70 更改数值

步骤15 在时间轴面板中，同时选中除【摄像机1】之外的所有图层，将时间调整到00:00:00:00帧的位置，按R键打开【旋转】，单击【Z轴旋转】左侧的码表，在当前位置添加关键帧，如图4.71所示。

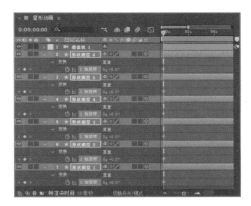

图4.69 添加位置关键帧

步骤09 在时间轴面板中，将时间调整到00:00:01:00帧的位置，选中【形状图层1】图层，将【位置】更改为（336，202，−1000）。

步骤10 将时间调整到00:00:02:00帧的位置，选中【形状图层2】图层，将【位置】更改为（343，202，−900）。

步骤11 将时间调整到00:00:03:00帧的位置，选中【形状图层3】图层，将【位置】更改为（348，202，−800）。

步骤12 将时间调整到00:00:04:00帧的位置，选中【形状图层4】图层，将【位置】更改为（358.6，201.8，−700）。

步骤13 将时间调整到00:00:05:00帧的位置，选中【形状图层5】图层，将【位置】更改为（358.6，201.8，−600）。

步骤14 将时间调整到00:00:06:00帧的位置，选中【形状图层6】图层，将【位置】更改为（358.6，201.8，−500），如图4.70所示。

●提 示

在此处更改位置数值之后，系统将自动添加关键帧。

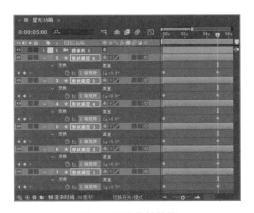

图4.71 添加关键帧

步骤16 将时间调整到00:00:05:00帧的位置，将【Z轴旋转】更改为（1，0），系统将自动添加关键帧，如图4.72所示。

图4.72 更改旋转数值

4.2.7　完成总合成动画设计

步骤01 执行菜单栏中的【合成】|【新建合成】命令，打开【合成设置】对话框，设置【合成名称】为"总合成"，【宽度】为"720"，【高度】为"405"，【帧速率】为"25"，并设置【持续时间】为00:00:05:00秒，【背景颜色】为"黑色"，如图4.73所示。

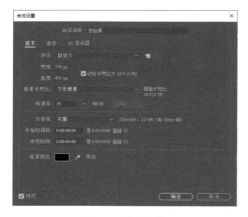

图4.73　新建合成

步骤02 在【项目】面板中，选中【华丽背景】【星形动画】和【舞者.png】素材，将其拖至时间轴面板中，如图4.74所示。

图4.74　添加素材图像

步骤03 在时间轴面板中，将时间调整到00:00:00:00帧的位置，选中【舞者.png】图层，按P键打开【位置】，单击【位置】左侧的码表，在当前位置添加关键帧。

步骤04 在图像中将其向右侧移到合成之外的区域，如图4.75所示。

步骤05 将时间调整到00:00:01:00帧的位置，在图像中向左侧移动其位置，系统将自动添加关键帧，制作位置动画，如图4.76所示。

图4.75　添加关键帧

图4.76　制作位置动画

步骤06 将时间调整到00:00:01:05帧的位置，在图像中将人物图像向右侧稍微拖动，系统将自动添加关键帧，如图4.77所示。

图4.77　拖动图像

步骤07 在时间轴面板中，将时间调整到00:00:02:00帧的位置，单击【在当前时间添加或移除关键帧】按钮◆，在当前位置添加一个延时帧，如图4.78所示。

图4.78 添加延时帧

步骤08 将时间调整到00:00:02:15帧的位置，在图像中将人物图像向左侧拖动至合成图像之外的区域，系统将自动添加关键帧，如图4.79所示。

图4.79 拖动图像

步骤09 在时间轴面板中，将时间调整到00:00:01:00帧的位置，选中【舞者.png】图层，在其图层名称上右击，在弹出的菜单中选择【图层样式】|【描边】命令，将【颜色】更改为白色，【大小】更改为1，单击【大小】左侧的码表◎，在当前位置添加关键帧。

步骤10 将时间调整到00:00:02:00帧的位置，将【大小】更改为5，系统将自动添加关键帧，如图4.80所示。

图4.80 更改描边大小

步骤11 在【项目】面板中，选中【舞者2.png】素材，将其拖至时间轴面板中，如图4.81所示。

图4.81 添加素材图像

步骤12 将时间调整到00:00:03:20帧的位置，以刚才同样的方法为所添加的图像制作位置及描边动画，如图4.82所示。

图4.82 制作位置及描边动画

步骤13 在时间轴面板中，将时间调整到00:00:01:00帧的位置，选中【舞者.png】图层，在【效果和预设】面板中展开【颜色校正】特效组，然后双击【照片滤镜】特效。

步骤14 在【效果控件】面板中，修改【照片滤镜】特效的参数，设置【滤镜】为紫，【密度】更改为70%，如图4.83所示。

图4.83 设置照片滤镜

步骤15 在时间轴面板中，选中【舞者.png】图层，在【效果控件】面板中，选中【照片滤镜】效果，按Ctrl+C组合键将其复制，选中【舞者2.png】图层，在【效果控件】面板中，按Ctrl+V组合键将其粘贴，如图4.84所示。

步骤16 这样就完成了最终整体效果制作，按小键盘上的0键即可在合成窗口中预览动画。

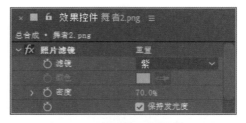

图4.84 复制并粘贴效果

视频路径

movie /5.1　电影放映动画设计.avi
movie /5.2　西部影视电影开场片头设计.avi

第5章 Chapter

电影特效包装设计

内容摘要

　　本章主要讲解电影特效包装设计。电影特效类主题的表达形式非常丰富，它以向观众呈现出色的视觉效果为设计重点，通过不同的主题，使用不同的动画元素来表达出漂亮的电影特效设计。本章列举了电影放映动画设计、西部影视电影开场片头设计实例，通过对本章的学习可以对电影特效包装设计有一个基本的了解。

教学目标

　　☐　学会电影放映动画设计
　　☐　了解西部影视电影开场片头设计

5.1　电影放映动画设计

● 实例解析

　　本例主要讲解电影放映动画设计，本例的设计以电影放映机作为主视觉，通过添加光效以及装饰图形和文字即可完成整个动画设计效果，最终效果如图5.1所示。

● 知识点

　　【位置动画】【CC Radial ScaleWipe（CC 径向缩放擦除)】【不透明度动画】【蒙版】

图5.1 动画流程画面

● 操作步骤

5.1.1 打造主视觉背景

步骤01 执行菜单栏中的【合成】|【新建合成】命令，打开【合成设置】对话框，设置【合成名称】为"主视觉"，【宽度】为"720"，【高度】为"405"，【帧速率】为"25"，并设置【持续时间】为00:00:05:00秒，【背景颜色】为黑色，完成之后单击【确定】按钮，如图5.2所示。

图5.2 新建合成

步骤02 打开【导入文件】对话框，选择"工程文件\第5章\电影放映动画设计\放映机.avi、标志.png、

炫光.jpg"素材，如图5.3所示。

图5.3 导入素材

步骤03 执行菜单栏中的【图层】|【新建】|【纯色】命令，在弹出的对话框中将【名称】更改为背景，【颜色】更改为黑色，完成之后单击【确定】按钮。

步骤04 在【项目】面板中，选中【放映机.avi】、【炫光.jpg】素材，将其拖至时间轴面板中并将其放在背景层上方，如图5.4所示。

步骤05 在时间轴面板中，选中【炫光.jpg】图层，将其图层模式更改为屏幕，如图5.5所示。

图5.4 添加素材图像

图5.5 更改图层模式

步骤06 在时间轴面板中，选中【炫光.jpg】图层，将时间调整到00:00:00:00帧的位置，按P键打开【位置】，单击【位置】左侧的码表，在当前位置添加关键帧，如图5.6所示。

图5.6 添加位置关键帧

步骤07 在图像中将炫光发光中心点移至放映机镜头位置，如图5.7所示。

图5.7 更改炫光位置

步骤08 在时间轴面板中，将时间调整到00:00:00:20帧的位置，在画布中拖动炫光图像，使其跟随放映机镜头，系统将自动添加关键帧，如图5.8所示。

图5.8 添加位置动画关键帧

步骤09 以同样的方法分别在不同的时间位置更改图像位置，系统将自动添加关键帧，如图5.9所示。

图5.9 更改图像位置

5.1.2 对光效进行细微调整

步骤01 在时间轴面板中，选中【炫光.jpg】图层，将时间调整到00:00:00:00帧的位置，按S键打开【缩放】，单击【缩放】左侧的码表，在当前位置添加关键帧，将数值更改为（0，0），如图5.10所示。

步骤02 将时间调整到00:00:00:20帧的位置，将【缩放】更改为（16，16），系统将自动添加关键帧，以同样的方法分别在不同时间位置适当增加缩放数值，系统将自动添加关键帧，制作出放大动画效果，如图5.11所示。

图5.10 添加缩放关键帧

步骤03 在时间轴面板中，将时间调整到00:00:03:00帧的位置，单击【缩放】左侧的【在当前时间添加或移除关键帧】◇按钮，在当前位置添加一个延时帧，如图5.12所示。

图5.11 制作放大动画

图5.12 添加延时帧

步骤04 将时间调整到00:00:04:00帧的位置，将【缩放】更改为0，系统将自动添加关键帧，如图5.13所示。

图5.13 更改数值

5.1.3 制作标志动画

步骤01 执行菜单栏中的【合成】|【新建合成】命令，打开【合成设置】对话框，设置【合成名称】为"标志动画"，【宽度】为"720"，【高度】为"405"，【帧速率】为"25"，并设置【持续时间】为00:00:05:00秒，【背景颜色】为黑色，完成之后单击【确定】按钮，如图5.14所示。

步骤02 在【项目】面板中，选中【标志.png】素材，将其拖至时间轴面板中，并将其在合成画布中适当缩小，放在画布中间位置，如图5.15所示。

步骤03 在时间轴面板中，选中【标志.png】图层，按Ctrl+D组合键复制一个【标志.png】图层。

图5.14 新建合成

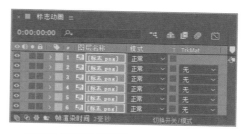

图5.15 添加图像

步骤04 在时间轴面板中，按Ctrl+D组合键复制多个
【标志.png】图层。

步骤05 在图像中将标志图像上下均匀排列，如
图5.16所示。

 ● 提 示

在时间轴面板中同时选中所有图层，在打
开的【窗口】|【对齐】面板中，单击【垂直
均匀分布】图标，将所有图像均匀对齐。

图5.16 复制多个图像

5.1.4 对标志动画进行微调

步骤01 在时间轴面板
中，选中所有图层，将时
间调整到00:00:00:00帧
的位置，按P键打开【位
置】，单击【位置】左侧
的码表，在当前位置添
加关键帧。

步骤02 在图像中将标志
图像向下移到画布之外的
区域，如图5.17所示。

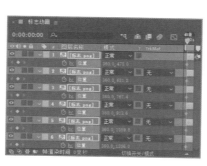

图5.17 添加位置关键帧

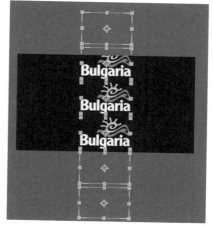

步骤03 将时间调整到00:00:02:00帧的位置，在图像中向上移动其位置，系统将自动添加关键帧，制作位置动画，如图5.18所示。

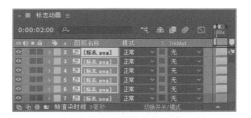

图5.19 拖动图像

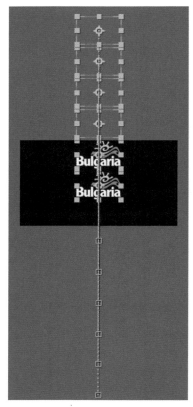

图5.18 制作位置动画

步骤04 在时间轴面板中，同时选中除最底部的【标志.png】图层之外的所有图层，在图像中将标志图像向上拖至画布之外的区域，如图5.19所示。

步骤05 选中所有图层关键帧，执行菜单栏中的【动画】|【关键帧辅助】|【缓动】命令，为动画添加缓动效果，如图5.20所示。

图5.20 添加缓动效果

步骤06 在时间轴面板中，选中最下方的一个【标志.png】图层，将时间调整到00:00:02:00帧的位置，按S键打开【缩放】，单击【缩放】左侧的码表，在当前位置添加关键帧，如图5.21所示。

图5.21 添加关键帧

步骤07 将时间调整到00:00:02:05帧的位置，将数值更改为（70，70），将时间调整到00:00:04:00帧的位置，将数值更改为（50，50），系统将自动添加关键帧，如图5.22所示。

图5.22 更改数值

5.1.5 设计完整动画效果

步骤01 在【项目】面板中，选中【标志动画】合成，将其拖至【主视觉】合成时间轴面板中，如图5.23所示。

图5.23 添加合成图像

● 提示

添加合成图像之后，通过更改时间可以看到标志动画在主视觉背景中的效果。

步骤02 在时间轴面板中，选中【标志动画】合成，将时间调整到00:00:00:10帧的位置，选择工具箱中的【椭圆工具】，在放映机镜头位置绘制一个椭圆蒙版，如图5.24所示。

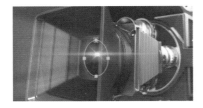

图5.24 绘制椭圆蒙版

步骤03 在时间轴面板中，选中【标志动画】合成，将时间调整到00:00:00:10帧的位置，展开【蒙版】|【蒙版1】，单击【蒙版路径】左侧的码表，在当前位置添加关键帧，如图5.25所示。

图5.25 添加关键帧

步骤04 将时间调整到00:00:00:20帧的位置，调整蒙版路径，系统将自动添加关键帧，如图5.26所示。

图5.26 调整蒙版路径

步骤05 以同样的方法在不同的时间调整蒙版路径，如图5.27所示。

图5.27 再次调整蒙版路径

步骤06 在【项目】面板中，选中【标志.png】素材，将其拖至时间轴面板中，并将其缩小后与其下方标志图像重合，如图5.28所示。

图5.28 添加素材图像

5.1.6 对动画进行视觉调整

步骤01 在时间轴面板中，将时间调整到00:00:03:00帧的位置，选中刚才添加的【标志.png】图层，在【效果和预设】面板中展开【过渡】特效组，然后双击【CC Radial ScaleWipe（CC 径向缩放擦除）】特效。

步骤02 在【效果控件】面板中，修改【CC Radial ScaleWipe（CC 径向缩放擦除）】特效的参数，设置【Completion（完成）】为0%，单击【Completion（完成）】左侧的码表，在当前位置添加关键帧，勾选【Reverse Transition（逆转）】复选框。

步骤03 在时间轴面板中，将时间调整到00:00:04:00帧的位置，设置【Completion（完成）】为100%，系统将自动添加关键帧，如图5.29所示。

图5.29 更改数值

步骤04 在时间轴面板中，将时间调整到00:00:03:00帧的位置，选中刚才添加的【标志.png】图层，按Alt+[组合键设置当前图层入点，如图5.30所示。

步骤05 在时间轴面板中，将时间调整到00:00:03:00帧的位置，选中【标志.png】图层，按T键打开【不透明度】，将【不透明度】更改为0%，单击【不透明度】左侧的码表，在当前位置添加关键帧。

图5.30 设置图层入点

步骤06 将时间调整到00:00:04:00帧的位置，将【不透明度】更改为100%，系统将自动添加关键帧，制作不透明度动画，如图5.31所示。

图5.31 制作不透明度动画

步骤07 在【项目】面板中，选中【炫光.jpg】素材，将其拖至时间轴面板中，并将其图层模式更改为屏幕，如图5.32所示。

图5.32 添加光效

步骤08 在时间轴面板中，选中刚才添加的【炫光.jpg】图层，将时间调整到00:00:02:10帧的位置，按S键打开【缩放】，单击【缩放】左侧的码表 ，在当前位置添加关键帧，将数值更改为（0，0）。

步骤09 将时间调整到00:00:03:00帧的位置，将【缩放】更改为（100，100），将时间调整到00:00:04:00帧的位置，将【缩放】更改为（0，

0），系统将自动添加关键帧，制作缩放动画，如图5.33所示。

图5.33 制作缩放动画

5.1.7 为背景添加装饰颜色

步骤01 执行菜单栏中的【图层】|【新建】|【纯色】命令，在弹出的对话框中将【名称】更改为光效层，【颜色】更改为黑色，完成之后单击【确定】按钮。

步骤02 在时间轴面板中，选中【光效层】图层，在【效果和预设】面板中展开【生成】特效组，然后双击【四色渐变】特效。

步骤03 在【效果控件】面板中，设置【点1】为（60，50），【颜色1】为黑色，【点2】为（1140，-150），【颜色2】为橙色（R:255，G:120，B:0），【点3】为（-350，280），【颜色3】为蓝色（R:45，G:111，B:233），【点4】为（670，350），【颜色4】为黑色，如图5.34所示。

步骤04 在时间轴面板中，选中【光效层】图层，将其图层模式更改为屏幕，如图5.35所示。

图5.35 更改图层模式

步骤05 这样就完成了最终整体效果制作，按小键盘上的0键即可在合成窗口中预览动画。

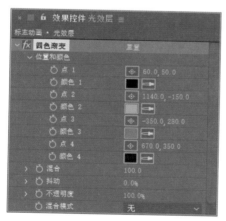

图5.34 添加渐变效果

5.2 西部影视电影开场片头设计

• 实例解析

　　本例主要讲解西部影视电影开场片头设计。本例的设计以灯塔作为主视觉图像，通过制作出扫光表现出出色的电影开场视觉效果，最终效果如图5.36所示。

图5.36 动画流程画面

• 知识点

　　【分形杂色】【定向模糊】【蒙版】【梯度渐变】【摄像机】

• 操作步骤

5.2.1 打造动感背景

步骤01 执行菜单栏中的【合成】|【新建合成】命令，打开【合成设置】对话框，设置【合成名称】为"大海"，【宽度】为"720"，【高度】为"405"，【帧速率】为"25"，并设置【持续时间】为00:00:10:00秒，【背景颜色】为黑色，完成之后单击【确定】按钮，如图5.37所示。

步骤02 打开【导入文件】对话框，选择"工程文件\第5章\西部影视电影开场片头设计\炫光.jpg、灯塔.png、标志.png"素材，如图5.38所示。

图5.37 新建合成

图5.38 导入素材

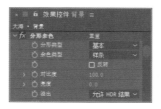

图5.40 设置分形杂色

步骤03 执行菜单栏中的【图层】|【新建】|【纯色】命令，在弹出的对话框中将【名称】更改为背景，【颜色】更改为黑色，完成之后单击【确定】按钮。

步骤04 在时间轴面板中，选中【背景】图层，在【效果和预设】面板中展开【生成】特效组，然后双击【梯度渐变】特效。

步骤05 在【效果控件】面板中，修改【梯度渐变】特效的参数，设置【渐变起点】为（360，0），【起始颜色】为蓝色（R:68，G:156，B:255），【渐变终点】为（360，405），【结束颜色】为黑色，【渐变形状】为线性渐变，如图5.39所示。

图5.41 设置变换

步骤09 将【混合模式】更改为相乘，如图5.42所示。

图5.39 添加梯度渐变

步骤06 在时间轴面板中，在【效果和预设】面板中展开【杂色和颗粒】特效组，然后双击【分形杂色】特效。

步骤07 在【效果控件】面板中，修改【分形杂色】特效的参数，设置【分形类型】为基本，【杂色类型】为样条，【对比度】为100，【亮度】为0，如图5.40所示。

步骤08 展开【变换】选项，取消【统一缩放】复选框，将【缩放宽度】更改为600，【缩放高度】更改为20，【复杂度】更改为2，如图5.41所示。

图5.42 更改混合模式

步骤10 按住Alt键单击【演化】左侧的码表，输入（time*50），为当前图层添加表达式，如图5.43所示。

图5.43 添加表达式

5.2.2 添加灯塔效果

步骤01 执行菜单栏中的【合成】|【新建合成】命令，打开【合成设置】对话框，设置【合成名称】为"灯塔"，【宽度】为"720"，【高度】为"405"，【帧速率】为"25"，并设置【持续时间】为00:00:10:00秒，【背景颜色】为黑色，完成之后单击【确定】按钮，如图5.44所示。

图5.44 新建合成

步骤02 在【项目】面板中，选中【灯塔.png】素材，将其拖至时间轴面板中，将其适当缩小，如图5.45所示。

图5.45 添加素材图像

●提示

为了方便观察合成效果，可单击合成窗口底部的【切换透明网格】按钮。

步骤03 在【效果和预设】面板中展开【颜色校正】特效组，然后双击【色调】特效。

步骤04 在【效果控件】面板中，修改【色调】特效的参数，设置【将黑色映射到】为黑色，【将白色映射到】为黑色，【着色数量】为80%，如图5.46所示。

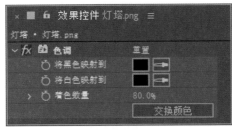

图5.46 设置色调

5.2.3 制作扫光效果

步骤01 执行菜单栏中的【合成】|【新建合成】命令，打开【合成设置】对话框，设置【合成名称】为"扫光效果"，【宽度】为"720"，【高度】为"405"，【帧速率】为"25"，并设置【持续时间】为00:00:10:00秒，【背景颜色】为黑色，完成之后单击【确定】按钮，如图5.47所示。

步骤02 执行菜单栏中的【图层】|【新建】|【纯色】命令，在弹出的对话框中将【名称】更改为背景，【颜色】更改为黑色，完成之后单击【确定】按钮。

步骤03 选中【背景】图层，在【效果和预设】面板中展开【生成】特效组，然后双击【圆形】特效。

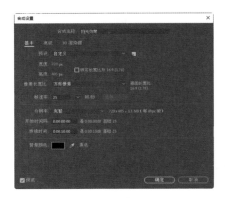

图5.47 新建合成

步骤04 在【效果控件】面板中，设置【半径】为15，如图5.48所示。

图5.48 设置圆形

步骤05 选中【背景】图层，在【效果和预设】面板中展开【杂色和颗粒】特效组，然后双击【分形杂色】特效。

步骤06 在【效果控件】面板中，修改【分形杂色】特效的参数，设置【杂色类型】为样条，【对比度】为80，【亮度】为10，如图5.49所示。

步骤07 展开【变换】选项组，将【缩放】更改为10，如图5.50所示。

图5.49 设置分形杂色　　　图5.50 设置变换

步骤08 按住Alt键单击【演化】左侧的码表 🕐，输入（time*100），为当前图层添加表达式，如图5.51所示。

图5.51 添加表达式

步骤09 在时间轴面板中，选中【背景】图层，按Ctrl+D组合键复制一个新图层，将其图层名称更改为【扫光】。

步骤10 在时间轴面板中，将时间调整到00:00:00:00帧的位置，选中【扫光】图层，在【效果和预设】面板中展开【模糊和锐化】特效组，然后双击【CC Radial Fast Blur（CC 放射快

速模糊）】特效。

步骤11 在【效果控件】面板中，修改【CC Radial Fast Blur（CC 放射快速模糊）】特效的参数，设置【Center（中心）】为（0，202.5），并单击其左侧的码表 🕐，在当前位置添加关键帧，将【Amount（数量）】更改为99，【Zoom（镜头）】更改为Brightest，如图5.52所示。

图5.52 设置CC Radial Fast Blur（CC 放射快速模糊）

步骤12 在时间轴面板中，将时间调整到00:00:02:00帧的位置，设置【Center（中心）】为（360，202.5），将时间调整到00:00:04:00帧的位置，设置【Center（中心）】为（720，202.5），以同样的方法每隔两秒调整其中心位置。

步骤13 选中Center（中心）所有关键帧，执行菜单栏中的【动画】|【关键帧辅助】|【缓动】命令，为动画添加缓动效果，如图5.53所示。

图5.53 添加缓动效果

步骤14 在【项目】面板中，打开【灯塔.png】合成，将【扫光效果】合成拖至时间轴面板中，在图像中适当调整扫光效果位置，如图5.54所示。

图5.54 添加素材及合成

5.2.4 为图像添加装饰效果

步骤01 打开【大海】合成，在【项目】面板中，选中【灯塔】合成，将其拖至【大海】时间轴面板中，在图像中适当调整其位置，如图5.55所示。

图5.55 添加图像

步骤02 执行菜单栏中的【图层】|【新建】|【纯色】命令，在弹出的对话框中将【名称】更改为暗边，【颜色】更改为黑色，完成之后单击【确定】按钮。

步骤03 选中工具箱中的【椭圆工具】，选中【暗边】图层，在图像中绘制一个椭圆蒙版路径，如图5.56所示。

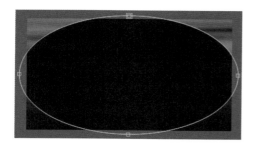

图5.56 绘制蒙版路径

步骤04 展开【蒙版】|【蒙版1】选项，勾选【反转】复选框，按F键打开【蒙版羽化】，将其数值更改为（350，350），如图5.57所示。

图5.57 添加蒙版羽化

步骤05 执行菜单栏中的【图层】|【新建】|【纯色】命令，在弹出的对话框中将【名称】更改为发光，【颜色】更改为蓝色（R:0，G:192，B:255），完成之后单击【确定】按钮，将【发光】图层移至【背景】图层上方，如图5.58所示。

图5.58 新建纯色图层

步骤06 选中工具箱中的【椭圆工具】，选中【发光】图层，在图像中绘制一个椭圆蒙版路径，如图5.59所示。

图5.59 绘制蒙版路径

步骤07 在时间轴面板中，展开【蒙版】|【蒙版1】选项，勾选【反转】复选框，按F键打开【蒙版羽化】，将其数值更改为（20，20），如图5.60所示。

图5.60 添加蒙版羽化效果

5.2.5 对特效进行调整

步骤01 在【效果和预设】面板中展开【模糊和锐化】特效组，然后双击【定向模糊】特效。

步骤02 在【效果控件】面板中，修改【定向模糊】特效的参数，设置【方向】为（0，90），【模糊长度】为100，如图5.61所示。

图5.61 设置定向模糊

步骤03 执行菜单栏中的【图层】|【新建】|【纯色】命令，在弹出的对话框中将【名称】更改为变暗，【颜色】更改为黑色，完成之后单击【确定】按钮。

步骤04 在时间轴面板中，选中【变暗】层，将时间调整到00:00:04:00帧的位置，按T键打开【不透明度】，单击【不透明度】左侧的码表，在当前位置添加关键帧，将【不透明度】更改为0%，将时间调整到00:00:06:00帧的位置，将【不透明度】更改为60%，制作出变暗效果，如图5.62所示。

图5.62 制作变暗效果

步骤05 在【项目】面板中，选中【炫光.jpg】素材，将其拖至时间轴面板中，将其图层模式更改为屏幕，如图5.63所示。

图5.63 添加素材图像

●提 示

为了更加精确地调整图像发光位置，在添加素材图像之后，需要先适当调整其位置，再更改图层模式。

步骤06 在时间轴面板中，选中【炫光.jpg】图层，在【效果和预设】面板中展开【颜色校正】特效组，然后双击【色调】特效。

步骤07 在【效果控件】面板中，修改【色调】特效的参数，设置【将白色映射到】为橙色（R:255，G:78，B:0），如图5.64所示。

步骤08 在【效果和预设】面板中展开【模糊和锐化】特效组，然后双击【快速方框模糊】特效。

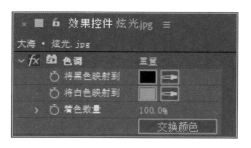

图5.64 设置色调

步骤09 在【效果控件】面板中，修改【快速方框模糊】特效的参数，设置【模糊半径】为20，【迭代】为1，【模糊方向】为水平，如图5.65所示。

图5.65 设置快速方框模糊

5.2.6 完成整体效果制作

步骤01 在【项目】面板中，选中【标志.png】素材，将其拖至时间轴面板中，在图像中将其放在适当位置，如图5.66所示。

图5.66 添加素材图像

步骤02 在时间轴面板中，选中【标志.png】图层，将时间调整到00:00:02:00帧的位置，按[键设置当前图层入点，如图5.67所示。

图5.67 设置图层入点

步骤03 在时间轴面板中，将时间调整到00:00:02:00帧的位置，选中【标志.png】层，按T键打开【不透明度】，将【不透明度】更改为0%，单击【不透明度】左侧的码表，在当前位置添加关键帧。

步骤04 将时间调整到00:00:02:07帧的位置，将【不透明度】更改为100%，系统将自动添加关键帧，如图5.68所示。

图5.68 更改不透明度

步骤05 在时间轴面板中，将时间调整到00:00:01:10帧的位置，选中【标志.png】层，在【效果和预设】面板中展开【过渡】特效组，然后双击【线性擦除】特效。

步骤06 在【效果控件】面板中，修改【线性擦除】特效的参数，设置【过渡完成】为100%，单击【过渡完成】左侧的码表，在当前位置添加关键帧，【擦除角度】为（0，0），【羽化】为200，如图5.69所示。

图5.69 设置线性擦除

步骤07 在时间轴面板中，将时间调整到00:00:03:00帧的位置，将【过渡完成】更改为0%，系统将自动添加关键帧，如图5.70所示。

图5.70 设置过渡完成

步骤08 选择工具箱中的【横排文字工具】 ，在图像中添加文字（Futura Md BT），如图5.71所示。

步骤09 在【项目】面板中，选中【炫光.jpg】素材，将其拖至时间轴面板中并将图像缩小，如图5.72所示。

图5.71 添加文字　　图5.72 添加素材图像

步骤10 在时间轴面板中，选中【炫光.jpg】图层，将其图层模式更改为屏幕，如图5.73所示。

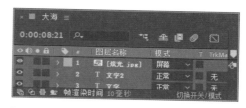

图5.73 更改图层模式

5.2.7 添加光效渲染效果

步骤01 在时间轴面板中，选中【炫光.jpg】图层，在【效果和预设】面板中展开【颜色校正】特效组，然后双击【照片滤镜】特效。

步骤02 在【效果控件】面板中，修改【照片滤镜】特效的参数，设置【滤镜】为橘红，【密度】为100%，如图5.74所示。

图5.74 设置照片滤镜

步骤03 在时间轴面板中，将时间调整到00:00:03:00帧的位置，选中【炫光.jpg】图层，

按T键打开【不透明度】，将【不透明度】更改为0%，单击【不透明度】左侧的码表，在当前位置添加关键帧。

步骤04 将时间调整到00:00:04:00帧的位置，将【不透明度】更改为100%，系统将自动添加关键帧，制作炫光动画，如图5.75所示。

图5.75 制作炫光动画

步骤05 在时间轴面板中，将时间调整到00:00:03:10帧的位置，选中【文字2】图层，按T键打开【不透明度】，将【不透明度】更改为0%，单击【不透明度】左侧的码表，在当前位置添加

关键帧。

步骤06 将时间调整到00:00:04:10帧的位置，将【不透明度】更改为100%，系统将自动添加关键帧，制作文字不透明度动画。

步骤07 将时间调整到00:00:03:20帧的位置，选中【文字】图层，按T键打开【不透明度】，将【不透明度】更改为0%，单击【不透明度】左侧的码表，在当前位置添加关键帧。

步骤08 将时间调整到00:00:04:20帧的位置，将【不透明度】更改为100%，系统将自动添加关键帧，制作文字不透明度动画。

步骤09 选中所有图层关键帧，执行菜单栏中的【动画】|【关键帧辅助】|【缓动】命令，为动画添加缓动效果，如图5.76所示。

图5.76 制作文字动画

5.2.8 添加摄像机控制

步骤01 执行菜单栏中的【图层】|【新建】|【摄像机】命令，在弹出的对话框中取消勾选【启用景深】复选框，完成之后单击【确定】按钮，如图5.77所示。

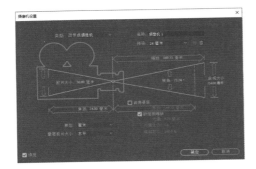

图5.77 新建摄像机

步骤02 在时间轴面板中，选中【摄像机 1】图层，将时间调整到00:00:00:00帧的位置，展开【摄像机1】|【变换】选项，单击【位置】左侧的码表，在当前位置添加关键帧，将其数值更改为（360，202.5，－320），将时间调整到00:00:07:00帧的位置，将其数值更改为（360，202.5，－480）。

步骤03 选中【摄像机 1】图层关键帧，执行菜单栏中的【动画】|【关键帧辅助】|【缓动】命令，为动画添加缓动效果，如图5.78所示。

图5.78 添加缓动效果

步骤04 这样就完成了最终整体效果制作，按小键盘上的0键即可在合成窗口中预览动画。

第**6**章
Chapter

视频路径
movie /6.1 音乐电台片头动画设计.avi
movie /6.2 走进科学节目片头设计.avi
movie /6.3 天气预报栏目包装设计.avi
movie /6.4 脱口秀栏目包装设计.avi

电视主题栏目包装设计

内容摘要

本章主要讲解电视主题栏目包装设计。电视栏目包装是对电视节目、栏目、频道进行一种形式要素的规范和强化，目前电视台和各电视节目公司对栏目包装十分重视，出色的电视栏目包装可以让观众有一个更佳的印象。本章列举了音乐电台片头动画设计、走进科学节目片头设计、天气预报栏目包装设计及脱口秀栏目包装设计，通过对本章的学习可以理解并掌握电视主题栏目包装设计。

教学目标

❏ 学会音乐电台片头动画设计
❏ 了解走进科学节目片头设计
❏ 掌握天气预报栏目包装设计
❏ 理解脱口秀栏目包装设计

6.1　音乐电台片头动画设计

• 实例解析

本例主要讲解音乐电台片头动画设计。本例的设计选取一个经过渲染的音乐节奏模型，通过对其进行调色并添加文字动画表现出漂亮的音乐电台主题风格，整个制作过程相对比较简单，最终效果如图6.1所示。

• 知识点

【色调】【轨道遮罩】【梯度渐变】【缩放动画】【图层模式】【图层蒙版】

图6.1 动画流程画面

● 操作步骤

6.1.1 对音乐模型调色

步骤01 执行菜单栏中的【合成】|【新建合成】命令，打开【合成设置】对话框，设置【合成名称】为"音乐模型"，【宽度】为"720"，【高度】为"405"，【帧速率】为"25"，并设置【持续时间】为00:00:13:00秒，【背景颜色】为黑色，完成之后单击【确定】按钮，如图6.2所示。

图6.2 新建合成

步骤02 打开【导入文件】对话框，选择"工程文件\第6章\音乐电台片头动画设计\中心高光.mp4、音乐模型.mp4、标志.png、边缘高光.mp4"素材，如图6.3所示。

图6.3 导入素材

步骤03 在【项目】面板中，选中【音乐模型.mp4】素材，将其拖至时间轴面板中。

步骤04 在时间轴面板中，选中【音乐模型.mp4】图层，按S键打开【缩放】，将数值更改为（37.5，37.5），如图6.4所示。

图6.4 缩小图像

图6.6 更改图层模式

步骤05 在时间轴面板中，选中【音乐模型.mp4】图层，在【效果和预设】面板中展开【颜色校正】特效组，然后双击【色调】特效。

步骤06 在【效果控件】面板中，修改【色调】特效的参数，设置【将白色映射到】为紫色（R:215，G:50，B:108），如图6.5所示。

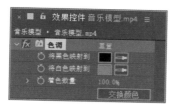

图6.5 设置色调

步骤07 在时间轴面板中，选中【音乐模型.mp4】图层，按Ctrl+D组合键复制一个【音乐模型.mp4】图层。

步骤08 在时间轴面板中，将复制生成的图层名称更改为【音乐模型2】，选中【音乐模型2】图层，将其图层模式更改为相加，如图6.6所示。

步骤09 在【项目】面板中，同时选中【中心高光.mp4】【边缘高光.mp4】素材，将其拖至时间轴面板中。

步骤10 在时间轴面板中，同时选中【中心高光.mp4】【边缘高光.mp4】图层，按S键打开【缩放】，将数值更改为（37.5，37.5），如图6.7所示。

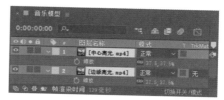

图6.7 缩小图像

步骤11 在时间轴面板中，同时选中【中心高光.mp4】【边缘高光.mp4】图层，将其图层模式更改为相加，如图6.8所示。

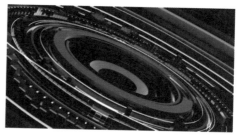

图6.8 更改图层模式

步骤12 在时间轴面板中，选中【中心高光.mp4】图层，在【效果和预设】面板中展开【颜色校正】特效组，然后双击【色调】特效。

步骤13 在【效果控件】面板中，修改【色调】特效的参数，设置【将白色映射到】为黄色（R:217，G:177，B:82），如图6.9所示。

图6.9 设置色调

步骤14 在时间轴面板中，选中【边缘高光.mp4】图层，按Ctrl+D组合键复制一个【边缘高光.mp4】图层，将其移至所有图层上方，如图6.10所示。

步骤15 在时间轴面板中，选中复制生成的【边缘高光.mp4】图层，在【效果和预设】面板中展开【颜色校正】特效组，然后双击【色调】特效。

图6.10 复制图层

步骤16 在【效果控件】面板中，修改【色调】特效的参数，设置【将白色映射到】为黄色（R:230，G:227，B:180），如图6.11所示。

图6.11 添加色调效果

6.1.2 添加装饰高光

步骤01 执行菜单栏中的【图层】|【新建】|【纯色】命令，在弹出的对话框中将【名称】更改为左下角光，【颜色】更改为红色（R:110，G:35，B:35），完成之后单击【确定】按钮。

步骤02 在时间轴面板中，选中【左下角光】图层，将其图层模式更改为相加，如图6.12所示。

步骤03 选中工具箱中的【椭圆工具】，选中【左下角光】图层，在图像左下角绘制一个圆形蒙版路径，如图6.13所示。

步骤04 按F键打开【蒙版羽化】，将其数值更改为（250，250），如图6.14所示。

步骤05 执行菜单栏中的【图层】|【新建】|【纯色】命令，在弹出的对话框中将【名称】更改为右上角光，【颜色】更改为红色（R:170，G:60，B:90），完成之后单击【确定】按钮。

图6.12 添加光效层

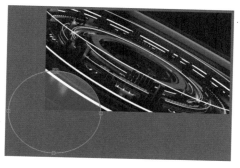

图6.13 绘制蒙版路径

图6.15 添加右上角高光层

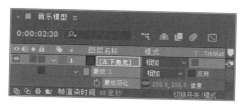

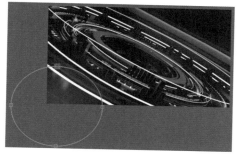

图6.14 添加蒙版羽化效果

步骤06 在时间轴面板中，选中【右上角光】图层，将其图层模式更改为相加，如图6.15所示。

步骤07 以同样的方法绘制蒙版路径，添加羽化效果，制作出高光，如图6.16所示。

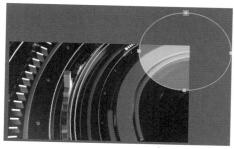

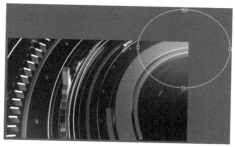

图6.16 制作高光效果

6.1.3 打造标志动画

步骤01 执行菜单栏中的【合成】|【新建合成】命令，打开【合成设置】对话框，设置【合成名称】为"标志动画"，【宽度】为"400"，【高度】为"400"，【帧速率】为"25"，并设置【持续时间】为00:00:10:00秒，【背景颜色】为黑色，完成之后单击【确定】按钮。

步骤02 执行菜单栏中的【图层】|【新建】|【纯色】命令，在弹出的对话框中将【名称】更改为光，【颜色】更改为黄色（R:217，G:177，B:82），完成之后单击【确定】按钮。

步骤03 在【项目】面板中，选中【标志.png】素材，将其拖至时间轴面板中，如图6.17所示。

图6.18 绘制蒙版路径

图6.17 添加素材图像

步骤04 选中工具箱中的【椭圆工具】 ，选中【光】图层，绘制一个蒙版路径，如图6.18所示。

步骤05 按F键打开【蒙版羽化】，将其数值更改为（200，200），如图6.19所示。

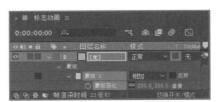

图6.19 添加羽化效果

6.1.4 制作扫光特效

步骤01 执行菜单栏中的【图层】|【新建】|【纯色】命令，打开【纯色设置】对话框，设置【名称】为【扫光】，【颜色】为白色。

步骤02 选中【扫光】层，在工具栏中选择【钢笔工具】 ，绘制一个路径，如图6.20所示。

图6.20 绘制路径

步骤03 按F键打开【蒙版羽化】属性，设置【蒙版羽化】的值为（5，5），如图6.21所示。

步骤04 在时间轴面板中，选中【扫光】层，将其图层模式更改为叠加，再将时间调整到00:00:00:00帧的位置，按P键打开【位置】，单击【位置】左侧的码表 ，在当前位置添加关键帧。

步骤05 将时间调整到00:00:01:00帧的位置，在图像中将高光图像向右侧拖动，系统将自动添加关键帧，如图6.22所示。

图6.21　添加羽化

图6.22　添加关键帧

步骤06 在时间轴面板中，将【扫光】层拖动到【标志.png】图层下面，设置【扫光】层的【轨道遮罩】为【1.标志.png】，如图6.23所示。

图6.23　设置蒙版

步骤07 选中【标志.png】层，按Ctrl+D组合键复制出另一个新的文字层，拖动到【扫光】层下面并显示，如图6.24所示。

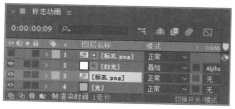

图6.24　复制图层

步骤08 在时间轴面板中，选中【光】层上方的【标志.png】图层，在【效果和预设】面板中展开【透视】特效组，然后双击【投影】特效。

步骤09 在【效果控件】面板中，修改【投影】特效的参数，设置【距离】为5，【柔和度】为20，如图6.25所示。

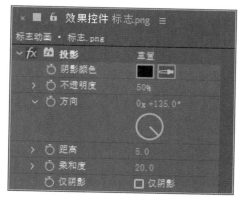

图6.25　设置投影

6.1.5 完成整体动画制作

步骤01 在【项目】面板中，选中【标志动画】合成，将其拖至【音乐模型】合成时间轴面板中，将时间调整到00:00:07:10帧的位置，按[键设置当前图层动画入点，如图6.26所示。

图6.26 添加素材

步骤02 在时间轴面板中，选中【标志动画】合成，将时间调整到00:00:07:10帧的位置，按S键打开

【缩放】，单击【缩放】左侧的码表，在当前位置添加关键帧，将数值更改为（0，0）。

步骤03 将时间调整到00:00:08:00帧的位置，将【缩放】更改为（100，100），系统将自动添加关键帧，如图6.27所示。

图6.27 制作缩放动画

步骤04 这样就完成了最终整体效果制作，按小键盘上的0键即可在合成窗口中预览动画。

6.2 走进科学节目片头设计

• 实例解析

本例主要讲解走进科学节目片头设计。本节目片头的设计以漂亮的科技图像作为主要视觉图像元素，同时搭配金属文字及光效完成整个节目片头最终设计，最终效果如图6.28所示。

图6.28 动画流程画面

• 知识点

【分形杂色】【快速方框模糊】【HDR压缩扩展器】【单元格图案】【亮度键】【CC Blobbylize（CC融化）】【设置遮罩】【斜面Alpha】【梯度渐变】

• 操作步骤

6.2.1 打造质感纹理

步骤01 执行菜单栏中的【合成】|【新建合成】命令，打开【合成设置】对话框，设置【合成名称】为"质感纹理"，【宽度】为"720"，【高度】为"405"，【帧速率】为"25"，并设置【持续时间】为00:00:10:00秒，【背景颜色】为黑色，完成之后单击【确定】按钮，如图6.29所示。

图6.29 新建合成

步骤02 打开【导入文件】对话框，选择"工程文件\第6章\走进科学节目片头设计\线条动画.avi、扫光.avi、科学标志.png、光.jpg"素材，如图6.30所示。

图6.30 导入素材

步骤03 执行菜单栏中的【图层】|【新建】|【纯色】命令，在弹出的对话框中将【名称】更改为杂色，【颜色】更改为黑色，完成之后单击【确定】按钮。

步骤04 在时间轴面板中，选中【杂色】图层，将时间调整到00:00:00:00帧的位置，选中【杂色】图层，在【效果和预设】面板中展开【杂色和颗粒】特效组，然后双击【分形杂色】特效。

步骤05 在【效果控件】面板中，修改【分形杂色】特效的参数，设置【对比度】为150，【亮度】为-2，如图6.31所示。

图6.31 设置分形杂色

步骤06 展开【变换】选项，将【缩放】更改为20，【复杂度】更改为3，单击【偏移（湍流）】左侧的码表，在当前位置添加关键帧，如图6.32所示。

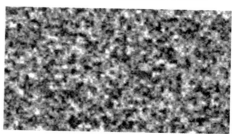

图6.32 设置变换

步骤07 在时间轴面板中，将时间调整到 00:00:09:24帧的位置，将【偏移（湍流）】更改为（520，202.5），如图6.33所示。

图6.33 更改数值

步骤08 在时间轴面板中，选中【杂色】图层，在【效果和预设】面板中展开【模糊和锐化】特效组，然后双击【快速方框模糊】特效。

步骤09 在【效果控件】面板中，修改【快速方框模糊】特效的参数，设置【模糊半径】为3，勾选【重复边缘像素】复选框，如图6.34所示。

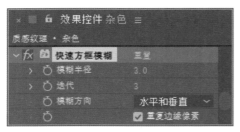

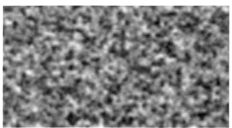

图6.34 设置快速方框模糊

步骤10 在时间轴面板中，选中【杂色】图层，在【效果和预设】面板中展开【实用工具】特效组，然后双击【HDR压缩扩展器】特效。

步骤11 在【效果控件】面板中，修改【HDR压缩扩展器】特效的参数，设置【增益】为1.5，如图6.35所示。

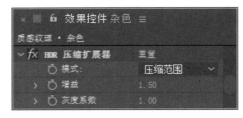

图6.35 设置HDR压缩扩展器

● 提示

　　HDR压缩扩展器主要是降低图像亮度，使用【颜色校正】中的【曲线】效果控件可以达到类似的效果。

6.2.2 对特效背景进行调整

步骤01 执行菜单栏中的【图层】|【新建】|【纯色】命令，在弹出的对话框中将【名称】更改为纹理，【颜色】更改为黑色，完成之后单击【确定】按钮。

步骤02 在时间轴面板中，将时间调整到 00:00:00:00帧的位置，选中【纹理】图层，在【效果和预设】面板中展开【生成】特效组，然后双击【单元格图案】特效。

步骤03 在【效果控件】面板中，修改【单元格图案】特效的参数，设置【单元格图案】为晶体，勾选【反转】复选框，将【对比度】更改为200，【分散】更改为1.5，【大小】更改为20，单击【偏移】左侧的码表，在当前位置添加关键帧，如图6.36所示。

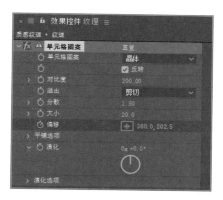

图6.36 设置单元格图案

步骤04 在时间轴面板中，将时间调整到00:00:09:24帧的位置，将【偏移（湍流）】更改为（520，202.5），如图6.37所示。

图6.37 更改数值

步骤05 在时间轴面板中，选中【纹理】图层，在【效果和预设】面板中展开【过时】特效组，然后双击【亮度键】特效。

步骤06 在【效果控件】面板中，修改【亮度键】特效的参数，设置【键控类型】为抠出较暗区域，【阈值】更改为230，【羽化边缘】更改为0.1，如图6.38所示。

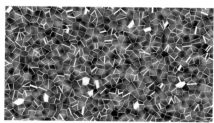

图6.38 设置亮度键

步骤07 在时间轴面板中，选中【纹理】图层，在【效果和预设】面板中展开【模糊和锐化】特效组，然后双击【快速方框模糊】特效。

步骤08 在【效果控件】面板中，修改【快速方框模糊】特效的参数，设置【模糊半径】为1，勾选【重复边缘像素】复选框，如图6.39所示。

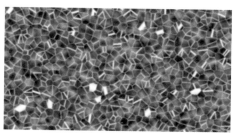

图6.39 设置快速方框模糊

步骤09 在时间轴面板中，选中【纹理】图层，将其图层模式更改为相加，如图6.40所示。

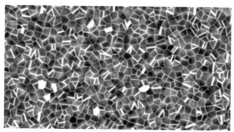

图6.40 更改图层模式

6.2.3　添加文字信息

步骤01 执行菜单栏中的【合成】|【新建合成】命令，打开【合成设置】对话框，设置【合成名称】为"文字效果"，【宽度】为"720"，【高度】为"405"，【帧速率】为"25"，并设置【持续时间】为00:00:10:00秒，【背景颜色】为黑色，完成之后单击【确定】按钮，如图6.41所示。

图6.41　新建合成

步骤02 选择工具箱中的【横排文字工具】T，在图像中添加文字（Adobe 黑体 Std），如图6.42所示。

图6.42　添加文字

步骤03 在【项目】面板中，选中【质感纹理】合成，将其拖至时间轴面板中，将【质感纹理】合成移至文字图层下方，并将文字图层暂时隐藏，如图6.43所示。

图6.43　添加合成图层

步骤04 在时间轴面板中，选中【质感纹理】图层，在【效果和预设】面板中展开【扭曲】特效组，然后双击【CC Blobbylize（CC融化）】特效。

步骤05 在【效果控件】面板中，修改【CC Blobbylize（CC融化）】特效的参数，设置【Blob Layer（水滴层）】为1.EPIC，【Property（特性）】为Alpha，【Softness（柔和）】为1，如图6.44所示。

图6.44　设置CC Blobbylize（CC融化）

步骤06 在【效果和预设】面板中展开【通道】特效组，然后双击【设置遮罩】特效。

步骤07 在【效果控件】面板中，修改【设置遮罩】特效的参数，设置【从图层获取遮罩】为1.EPIC，如图6.45所示。

步骤08 在时间轴面板中，选中【EPIC】图层，按Ctrl+D组合键复制一个【EPIC 2】图层。

步骤09 选中【EPIC 2】图层，将文字更改为黑色，再将其图层模式更改为相加，如图6.46所示。

步骤10 在时间轴面板中，选中【EPIC 2】图层，在【效果和预设】面板中展开【透视】特效组，然后双击【斜面Alpha】特效。

步骤11 在【效果控件】面板中，修改【斜面Alpha】特效的参数，设置【边缘厚度】为1，【灯光角度】为-50，【灯光强度】为1，如图6.47所示。

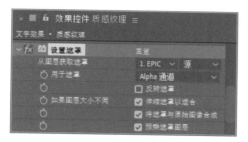

图6.46 复制图层

图6.45 更改设置遮罩

图6.47 设置斜面Alpha

6.2.4 制作整体效果

步骤01 执行菜单栏中的【合成】|【新建合成】命令，打开【合成设置】对话框，设置【合成名称】为"整体效果"，【宽度】为"720"，【高度】为"405"，【帧速率】为"25"，并设置【持续时间】为00:00:10:00秒，【背景颜色】为黑色，完成之后单击【确定】按钮，如图6.48所示。

图6.49 添加素材图像并更改合成图层模式

步骤04 在【效果控件】面板中，修改【曲线】特效的参数，调整曲线增强图像对比度，如图6.50所示。

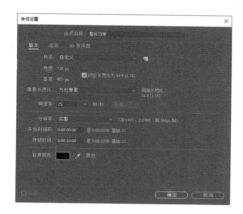

图6.48 新建合成

步骤02 在【项目】面板中，同时选中【文字效果】合成及【线条动画.avi】【扫光.avi】素材，将其拖至时间轴面板中，并将【线条动画.avi】图层模式更改为屏幕，如图6.49所示。

步骤03 在时间轴面板中，选中【文字效果】合成，在【效果和预设】面板中展开【颜色校正】特效组，然后双击【曲线】特效。

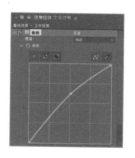

图6.50 调整曲线

步骤05 选择【通道】为红色，调整曲线，减少文字中的红色，如图6.51所示。

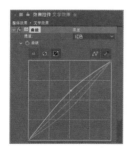

图6.51 调整红色通道

步骤06 选择【通道】为蓝色，调整曲线，增加文字中的蓝色，如图6.52所示。

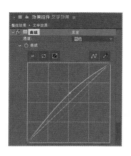

图6.52 调整蓝色通道

步骤07 在时间轴面板中，选中【文字效果】图层，单击三维图层按钮，打开图层3D效果，将时间调整到00:00:00:00帧的位置，按P键打开【位置】，单击【位置】左侧的码表，在当前位置添加关键帧，将【位置】更改为（360，202.5，−1000）。

步骤08 将时间调整到00:00:00:10帧的位置，将【位置】更改为（360，202.5，0），系统将自动添加关键帧，制作位置动画，如图6.53所示。

图6.53 制作位置动画

步骤09 选中【文字效果】合成中的位置关键帧，执行菜单栏中的【动画】|【关键帧辅助】|【缓动】命令，为动画添加缓动效果。

步骤10 在【项目】面板中，选中【光.jpg】素材，将其拖至时间轴面板中，将其图层模式更改为屏幕，如图6.54所示。

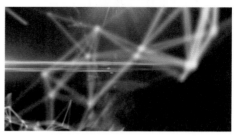

图6.54 添加素材并更改图层模式

步骤11 在时间轴面板中，将时间调整到00:00:00:00帧的位置，选中【光.jpg】图层，按T键打开【不透明度】，将【不透明度】更改为0%，单击【不透明度】左侧的码表，在当前位置添加关键帧。

步骤12 将时间调整到00:00:00:10帧的位置，将【不透明度】更改为60%，将时间调整到00:00:00:20帧的位置，将【不透明度】更改为0%，将时间调整到00:00:01:05帧的位置，将【不透明度】更改为100%，将时间调整到00:00:01:15帧的位置，将【不透明度】更改为20%，将时间调整到00:00:02:00帧的位置，将【不透明度】更改为100%，系统将自动添加关键帧，制作不透明度动画，如图6.55所示。

图6.55 制作不透明度动画

6.2.5 调整动画氛围感

步骤01 执行菜单栏中的【图层】|【新建】|【调整图层】命令，新建一个【调整图层1】图层。

步骤02 在时间轴面板中，选中【调整图层1】图层，在【效果和预设】面板中展开【颜色校正】特效组，然后双击【曲线】特效。

步骤03 在【效果控件】面板中，修改【曲线】特效的参数，调整曲线增强图像对比度，如图6.56所示。

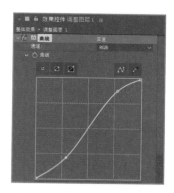

图6.56 调整曲线

步骤04 在【项目】面板中，选中【文字效果】合成，按Ctrl+D组合键复制【文字效果2】及【文字效果3】两个新合成，如图6.57所示。

图6.57 复制合成

步骤05 打开【文字效果2】合成，更改文字，如

图6.58所示。

图6.58 更改文字

步骤06 以刚才同样的方法打开【文字效果3】合成，并更改文字，如图6.59所示。

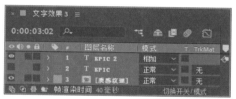

图6.59 再次更改文字

步骤07 在【项目】面板中，选中【文字效果2】合成，将其拖至时间轴面板中，并将【文字效果2】移至【文字效果】图层上方，如图6.60所示。

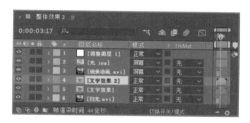

图6.60 添加合成

6.2.6 对整体画面进一步调色

步骤01 在时间轴面板中，选中【文字效果】图层，在【效果控件】面板中，选中【曲线】效果，按Ctrl+C组合键将其复制，选中【文字效果 2】图层，在【效果控件】面板中，按Ctrl+V组合键将其粘贴，如图6.61所示。

步骤02 在时间轴面板中，选中【文字效果】图层，将其删除。

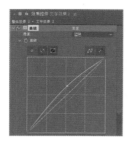

图6.61 复制及粘贴效果

步骤03 以同样的方法打开【文字效果 3】合成，并为【文字效果3】中的文字图层粘贴曲线效果，如图6.62所示。

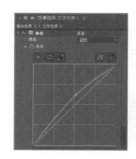

图6.62 再次粘贴效果

> **●提示**
>
> 在当前合成中更改文字效果图层之后，切记将原有文字效果图层删除。

6.2.7 完成最终合成

步骤01 执行菜单栏中的【合成】|【新建合成】命令，打开【合成设置】对话框，设置【合成名称】为"最终合成"，【宽度】为"720"，【高度】为"405"，【帧速率】为"25"，并设置【持续时间】为00:00:10:00秒，【背景颜色】为黑色，完成之后单击【确定】按钮，如图6.63所示。

图6.63 新建合成

步骤02 在【项目】面板中，同时选中【整体效果】【整体效果2】及【整体效果3】合成，按照图层顺序拖至时间轴面板中，如图6.64所示。

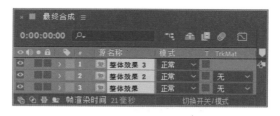

图6.64 添加素材图像

步骤03 在时间轴面板中，将时间调整到00:00:02:20帧的位置，选中【整体效果2】图层，按[键设置当前图层动画入点。

步骤04 将时间调整到00:00:05:16帧的位置，选中【整体效果3】图层，按[键设置当前图层动画入点，如图6.65所示。

图6.65 设置图层动画入点

6.2.8 添加最终装饰元素

步骤01 执行菜单栏中的【图层】|【新建】|【纯色】命令，在弹出的对话框中将【名称】更改为结尾背景，【颜色】更改为黑色，完成之后单击【确定】按钮。

步骤02 在时间轴面板中，选中【结尾背景】图层，在【效果和预设】面板中展开【生成】特效组，然后双击【梯度渐变】特效。

步骤03 在【效果控件】面板中，修改【梯度渐变】特效的参数，设置【渐变起点】为（360，202.5），【起始颜色】为蓝色（R:9，G:43，B:67），【渐变终点】为（720，405），【结束颜色】为深蓝色（R:0，G:6，B:10），【渐变形状】为径向渐变，如图6.66所示。

图6.66 添加梯度渐变

步骤04 在时间轴面板中，将时间调整到00:00:07:20帧的位置，选中【结尾背景】图层，按T键打开【不透明度】，将【不透明度】更改为0%，单击【不透明度】左侧的码表，在当前位置添加关键帧。

步骤05 将时间调整到00:00:08:13帧的位置，将【不透明度】更改为100%，系统将自动添加关键帧，制作不透明度动画，如图6.67所示。

步骤06 在【项目】面板中，选中【科学标志.png】素材，将其拖至时间轴面板中，如图6.68所示。

图6.67 制作不透明度动画

图6.68 添加素材图像

步骤07 在时间轴面板中，将时间调整到00:00:07:20帧的位置，选中【科学标志.png】图层，按T键打开【不透明度】，将【不透明度】更改为0%，单击【不透明度】左侧的码表，在当前位置添加关键帧。

步骤08 将时间调整到00:00:08:13帧的位置，将【不透明度】更改为100%，系统将自动添加关键帧，制作不透明度动画，如图6.69所示。

图6.69 制作不透明度动画

步骤09 选择工具箱中的【横排文字工具】T，在图像中添加文字（AvantGarGotItcTEE），如图6.70所示。

步骤10 选中工具箱中的【矩形工具】，选中

【小字】图层，在文字左侧位置绘制一个蒙版路径，如图6.71所示。

图6.70 添加文字　　　　图6.71 绘制蒙版

步骤11 将时间调整到00:00:08:13帧的位置，展开【蒙版】|【蒙版1】，单击【蒙版路径】左侧的码表，在当前位置添加关键帧。

步骤12 将时间调整到00:00:09:00帧的位置，调整蒙版路径，系统将自动添加关键帧，如图6.72所示。

步骤13 按F键打开【蒙版羽化】，将其数值更改为（20，20），如图6.73所示。

步骤14 这样就完成了最终整体效果制作，按小键盘上的0键即可在合成窗口中预览动画。

图6.72 调整蒙版路径

图6.73 添加羽化效果

6.3　天气预报栏目包装设计

- **实例解析**

本例主要讲解天气预报栏目包装设计。本例中的栏目包装是一款十分常规的天气预报设计，整个界面十分简洁，最终效果如图6.74所示。

- **知识点**

【曲线】【Keylight（1.2）（亮度键）】【CC Particle Systems II（CC粒子系统）】【三色调】【梯度渐变】

  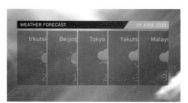

图6.74 动画流程画面

• 操作步骤

6.3.1 打造放射效果

步骤01 执行菜单栏中的【合成】|【新建合成】命令，打开【合成设置】对话框，设置【合成名称】为"背景"，【宽度】为"720"，【高度】为"405"，【帧速率】为"25"，并设置【持续时间】为00:00:10:00秒，【背景颜色】为黑色，完成之后单击【确定】按钮，如图6.75所示。

图6.75 新建合成

步骤02 打开【导入文件】对话框，选择"工程文件\第6章\天气预报栏目包装设计\大雨.ai、风.ai、雷

电.ai、晴.ai、雪.ai、云.m4v"素材，如图6.76所示。

图6.76 导入素材

步骤03 在【项目】面板中，选中【背景.jpg】素材，将其拖至时间轴面板中。

步骤04 在时间轴面板中，选中【背景.jpg】图层，在【效果和预设】面板中展开【颜色校正】特效组，然后双击【曲线】特效。

步骤05 在【效果控件】面板中，修改【曲线】特效的参数，调整曲线增强图像对比度，如图6.77所示。

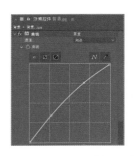

图6.77 调整曲线

步骤06 在【项目】面板中，选中【云.m4v】素材，将其拖至时间轴面板中并将其等比例缩小。

步骤07 在时间轴面板中，选中【云.m4v】图层，在【效果和预设】面板中展开【Keying（键控）】特效组，然后双击【Keylight（1.2）（亮度键）】特效。

步骤08 在【效果控件】面板中，修改【Keylight（1.2）（亮度键）】特效的参数，设置【Screen Colour（屏幕颜色）】为绿色（R:12，G:81，B:0），【Despill Bias（去除溢色偏移）】为灰色（R:127，G:127，B:127），【Alpha Bias（Alpha偏移）】为灰色（R:127，G:127，B:127），将云素材中的绿色背景去除，如图6.78

所示。

图6.78 设置Keylight（1.2）（亮度键）

6.3.2 添加粒子效果

步骤01 执行菜单栏中的【图层】|【新建】|【纯色】命令，在弹出的对话框中将【名称】更改为粒子，【颜色】更改为黑色，完成之后单击【确定】按钮。

步骤02 选中【粒子】层，在【效果与预设】特效面板中展开【模拟】特效组，双击CC Particle Systems II（CC粒子系统）特效。

步骤03 在【效果控件】面板中，设置【Birth Rate（出生速率）】值为0.3，展开【Producer（发生器）】，设置【Radius X（X轴半径）】为140，【Radius Y（Y轴半径）】为160，展开【Physics（物理学）】选项，设置【Velocity（速度）】为0，【Gravity（重力）】为0，如图6.79所示。

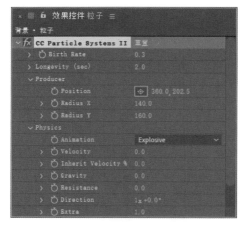

图6.79 设置CC Particle Systems II

步骤04 展开【Particle（粒子）】选项，将【Max Opacity（最大不透明度）】更改为100%，如图6.80所示。

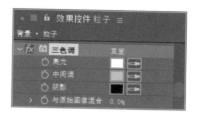

图6.81 添加三色调效果

图6.80 设置Particle（粒子）

步骤05 在时间轴面板中，选中【粒子】图层，在【效果和预设】面板中展开【颜色校正】特效组，然后双击【三色调】特效。

步骤06 在【效果控件】面板中，修改【三色调】特效的参数，设置【中间调】为青色（R:0，G:255，B:246），如图6.81所示。

步骤07 在时间轴面板中，选中【粒子】图层，将其图层模式更改为叠加，如图6.82所示。

图6.82 更改图层模式

6.3.3 制作装饰图形

步骤01 执行菜单栏中的【合成】|【新建合成】命令，打开【合成设置】对话框，设置【合成名称】为"装饰图形"，【宽度】为"720"，【高度】为"40"，【帧速率】为"25"，并设置【持续时间】为00:00:10:00秒，【背景颜色】为黑色，完成之后单击【确定】按钮，如图6.83所示。

步骤02 执行菜单栏中的【图层】|【新建】|【纯色】命令，在弹出的对话框中将【名称】更改为渐变图形，【颜色】更改为黑色，完成之后单击【确定】按钮。

步骤03 在时间轴面板中，选中【渐变图形】图层，在【效果和预设】面板中展开【生成】特效组，然后双击【梯度渐变】特效。

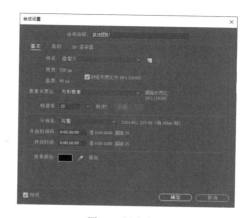

图6.83 新建合成

步骤04 在【效果控件】面板中，修改【梯度渐变】特效的参数，设置【渐变起点】为（720，20），【起始颜色】为深蓝色（R:0，G:53，B:81），【渐变终点】为（0，20），【结束颜色】为深蓝色（R:0，G:13，B:20），【渐变形状】为线性渐变，如图6.84所示。

图6.84 添加梯度渐变

步骤05 执行菜单栏中的【图层】|【新建】|【纯色】命令，在弹出的对话框中将【名称】更改为蓝色图形，【颜色】更改为蓝色（R:18，G:197，B:232），完成之后单击【确定】按钮。

步骤06 选中工具箱中的【钢笔工具】，选中【蓝色图形】图层，绘制一个蒙版路径，如图6.85所示。

步骤07 选择工具箱中的【横排文字工具】，在图像中添加文字（Bahnschrift），如图6.86所示。

图6.85 绘制蒙版路径

图6.86 添加文字

步骤08 在时间轴面板中，将时间调整到00:00:00:05帧的位置，选中【文字】图层，按T键打开【不透明度】，将【不透明度】更改为0%，单击【不透明度】左侧的码表，在当前位置添加关键帧。

步骤09 将时间调整到00:00:01:00帧的位置，将【不透明度】更改为100%，系统将自动添加关键帧，制作不透明度动画，如图6.87所示。

图6.87 制作不透明度动画

6.3.4　完成天气图形制作

步骤01 执行菜单栏中的【合成】|【新建合成】命令，打开【合成设置】对话框，设置【合成名称】为"天气图形"，【宽度】为"120"，【高度】为"230"，【帧速率】为"25"，并设置【持续时间】为00:00:10:00秒，【背景颜色】为黑色，完成之后单击【确定】按钮，如图6.88所示。

图6.88 新建合成

步骤02 执行菜单栏中的【图层】|【新建】|【纯色】命令，在弹出的对话框中将【名称】更改为蓝色图形，【颜色】更改为蓝色（R:11，G:43，B:64），完成之后单击【确定】按钮。

步骤03 在时间轴面板中，选中【蓝色图形】层，按T键打开【不透明度】，将【不透明度】更改为60%，如图6.89所示。

图6.89 更改不透明度

步骤04 在【项目】面板中，选中【晴.ai】素材，将其拖至时间轴面板中，在图像中将其等比例缩小，如图6.90所示。

图6.92 添加文字　　　　图6.93 绘制正圆

步骤09 在时间轴面板中，将时间调整到00:00:00:10帧的位置，选中【Irkutsk】图层，按P键打开【位置】，单击【位置】左侧码表，在当前位置添加关键帧。

步骤10 在图像中将文字向右侧移至图像之外的区域，如图6.94所示。

图6.90 添加素材图像

步骤05 在时间轴面板中，选中【晴.ai】图层，将时间调整到00:00:00:00帧的位置，按R键打开【旋转】，单击【旋转】左侧的码表，在当前位置添加关键帧。

步骤06 将时间调整到00:00:09:24帧的位置，将【旋转】更改为（1，0），系统将自动添加关键帧，如图6.91所示。

图6.91 制作旋转动画

步骤07 选择工具箱中的【横排文字工具】，在图像中添加文字（Bahnschrift），如图6.92所示。

步骤08 选中工具箱中的【椭圆工具】，按住Shift+Ctrl组合键绘制一个正圆，设置【填充】为无，【描边】为白色，【描边宽度】为1，将生成一个【形状图层 1】图层，如图6.93所示。

图6.94 移动文字

步骤11 将时间调整到00:00:01:15帧的位置，在图像中将文字向左侧移动，系统将自动添加关键帧，制作位置动画，如图6.95所示。

步骤12 在时间轴面板中，将时间调整到00:00:00:15帧的位置，选中【晴.ai】图层，按T键打开【不透明度】，将【不透明度】更改为0%，按

P键打开【位置】，单击【位置】和【不透明度】左侧的码表，在当前位置添加关键帧，在图像中将其向右侧移到图像之外的区域，如图6.96所示。

图6.95 制作位置动画

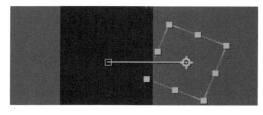

图6.96 添加关键帧

步骤13 在时间轴面板中，将时间调整到00:00:02:05帧的位置，选中【晴.ai】图层，将【不透明度】更改为100%，在图像中将其向左侧拖动，系统将自动添加关键帧，制作不透明度及位置动画，如图6.97所示。

图6.97 制作不透明度及位置动画

步骤14 以同样的方法为【29】图层制作位置及不透明度动画，如图6.98所示。

图6.98 再次制作类似动画效果

步骤15 在时间轴面板中，选中【形状图层1】图层，将其父级设置为29，如图6.99所示。

图6.99 设置父级

6.3.5 制作多个动画

步骤01 在【项目】面板中，选中【天气图形】合成，按D键复制【天气图形2】【天气图形3】【天气图形4】及【天气图形5】4个新合成，如图6.100所示。

图6.100 复制多个合成

图6.102 更改信息

步骤02 打开【天气图形2】合成，在【项目】面板中，选中【大雨.ai】素材，将其拖至时间轴面板中，并将其移至【晴.ai】图层上方，在图像中将其等比例缩小至与【晴.ai】图层中的图像相同的大小。

步骤03 在时间轴面板中，将时间调整到00:00:00:15帧的位置，同时选中【晴.ai】图层中的【位置】及【不透明度】关键帧，按Ctrl+C组合键将其复制，选中【大雨.ai】图层，在【效果控件】面板中，按Ctrl+V组合键将其粘贴，如图6.101所示。

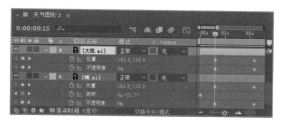

图6.101 复制并粘贴关键帧

●提示

　　复制并粘贴关键帧需要注意关键帧的位置，比如在此处一定需要将时间调整到00:00:00:15帧的位置，再执行复制及粘贴操作，以确保动画的同步。

步骤04 在时间轴面板中，选中【晴.ai】图层，将其删除。

步骤05 分别更改城市名称及温度信息，如图6.102所示。

步骤06 以同样的方法在【项目】面板中分别选中【风.ai】及【雪.ai】图层，分别将其添加至相对应的【天气图形3】【天气图形4】及【天气图形5】合成中，并为其复制位置及不透明度关键帧。

步骤07 分别更改【天气图形3】【天气图形4】及【天气图形5】合成中的文字及数字信息，制作新的天气图形效果，如图6.103所示。

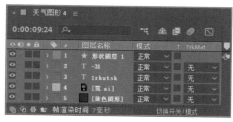

图6.103 制作新的天气图形

步骤08 打开【背景】合成，在【项目】面板中，同时选中【装饰图形】【天气图形】【天气图形2】【天气图形3】【天气图形4】及【天气图形5】图层，将其添加至【背景】合成中。

步骤09 分别选中合成中的不同图形，将其对齐，如图6.104所示。

图6.104 添加图形并对齐

 ●技 巧

在对图形进行对齐操作时，可以打开【窗口】|【对齐】面板，在【对齐】面板中可以对多个图形进行平均分布、居中对齐等操作。

步骤10 在时间轴面板中，将时间调整到00:00:00:00帧的位置，选中【装饰图形】图层，按T键打开【不透明度】，将【不透明度】更改为

0%，按P键打开【位置】，单击【位置】左侧的码表 ，在当前位置添加关键帧，在图像中将其向下方移动，并与下方图形顶部边缘对齐，如图6.105所示。

●提 示

在移动图形时，应当先将其向下方移动，与下方图形顶部边缘对齐之后，再将当前图层【不透明度】更改为0%。

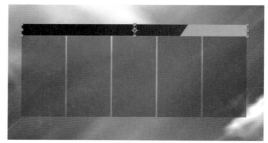

图6.105 添加关键帧

6.3.6 对动画进一步调整

步骤01 在时间轴面板中，将时间调整到00:00:00:20帧的位置，选中【装饰图形】图层，在图像中将其向上移至原来的位置，再将其【不透明度】更改为100%，系统将自动添加关键帧，制作出位置及不透明度动画效果，如图6.106所示。

步骤02 在时间轴面板中，将时间调整到00:00:00:00帧的位置，选中【天气图形】图层，按T键打开【不透明度】，将【不透明度】更改为0%，单击【不透明度】左侧的码表 ，在当前位置添加关键帧。

步骤03 将时间调整到00:00:00:10帧的位置，将【不透明度】更改为100%，按P键打开【位置】，单击【位置】左侧的码表 ，在当前位置添加关键帧，在图像中将其向右侧适当平移，如图6.107所示。

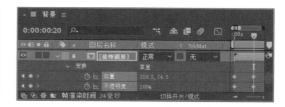

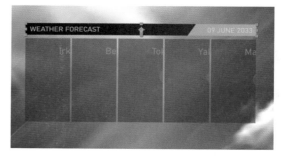

图6.106 制作位置及不透明度动画

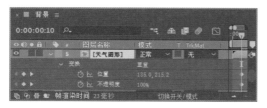

图6.107 添加关键帧

步骤04 在时间轴面板中，将时间调整到00:00:00:20帧的位置，选中【天气图形】图层，在图像中将其向上移至原来的位置，再将其【不透明度】更改为100%，系统将自动添加关键帧，制作出位置及不透明度动画效果，如图6.108所示。

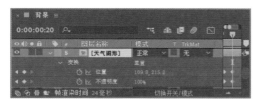

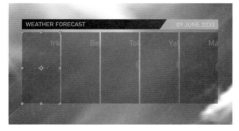

图6.108 制作位置及不透明度动画

步骤05 以同样的方法分别为其他几个天气图形制作位置及不透明度动画效果，如图6.109所示。

步骤06 选中所有与天气图形相关的图层位置及不透明度关键帧，执行菜单栏中的【动画】|【关键帧辅助】|【缓动】命令，为动画添加缓动效果，如图6.110所示。

步骤07 这样就完成了最终整体效果制作，按小键盘上的0键即可在合成窗口中预览动画。

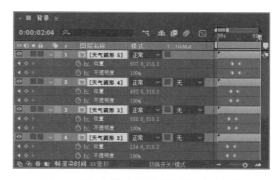

图6.109 再次制作位置及不透明度动画效果

图6.110 添加缓动效果

6.4　脱口秀栏目包装设计

● **实例解析**

本例主要讲解脱口秀栏目包装设计。脱口秀栏目包装设计的重点在于表现出栏目的活泼性，将各种搞笑或者富有活力的元素结合在一起，最终效果如图6.111所示。

图6.111 动画流程画面

● 知识点

【百叶窗】【梯度渐变】【斜面Alpha】【分形杂色】

● 操作步骤

6.4.1 制作放射效果

步骤01 执行菜单栏中的【合成】|【新建合成】命令，打开【合成设置】对话框，设置【合成名称】为"放射效果"，【宽度】为"1920"，【高度】为"1080"，【帧速率】为"25"，并设置【持续时间】为00:00:10:00秒，【背景颜色】为黑色，完成之后单击【确定】按钮，如图6.112所示。

图6.112 新建合成

步骤02 打开【导入文件】对话框，选择"工程文件\第6章\脱口秀栏目包装设计\唱机.png、城市.png、地面.jpg、飞碟.png、吉他.png、路.jpg、猫.png、奶牛.png、人物.png、人物2.png、山.png、天鹅.png、宇航员.png、月球.png、嘴巴上.png、嘴巴下.png"素材，如图6.113所示。

图6.113 导入素材

步骤03 执行菜单栏中的【图层】|【新建】|【纯

色】命令，在弹出的对话框中将【名称】更改为条纹，【颜色】更改为白色，完成之后单击【确定】按钮。

步骤04 在时间轴面板中，选中【条纹】图层，在【效果和预设】面板中展开【过渡】特效组，然后双击【百叶窗】特效。

步骤05 在【效果控件】面板中，修改【百叶窗】特效的参数，设置【过渡完成】为50%，【方向】为（0，0），【宽度】为102，如图6.114所示。

图6.114 设置百叶窗

步骤06 在【效果和预设】面板中展开【扭曲】特效组，然后双击【极坐标】特效。

步骤07 在【效果控件】面板中，修改【极坐标】特效的参数，设置【转换类型】为矩形到极线，将【插值】更改为100，如图6.115所示。

图6.115 设置极坐标

步骤08 在时间轴面板中，选中【条纹】图层，在【效果和预设】面板中展开【生成】特效组，然后双击【梯度渐变】特效。

步骤09 在【效果控件】面板中，设置【渐变起点】为（960，4），【起始颜色】为黄色（R:255，G:200，B:53），【渐变终点】为（960，1080），【结束颜色】为白色，【渐变形状】为线性渐变，如图6.116所示。

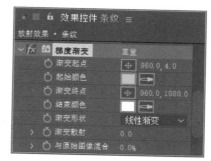

图6.116 添加梯度渐变

步骤10 在时间轴面板中，选中【条纹】图层，将时间调整到00:00:00:00帧的位置，按R键打开【旋转】，单击【旋转】左侧的码表，在当前位置添加关键帧。

步骤11 将时间调整到00:00:09:24帧的位置，将【旋转】更改为（0，180），系统将自动添加关键帧，如图6.117所示。

图6.117 制作旋转动画

6.4.2　打造放射背景

步骤01 执行菜单栏中的【合成】|【新建合成】命令，打开【合成设置】对话框，设置【合成名称】为"放射背景"，【宽度】为"720"，【高度】为"405"，【帧速率】为"25"，并设置【持续时间】为00:00:10:00秒，【背景颜色】为黑色，完成之后单击【确定】按钮，如图6.118所示。

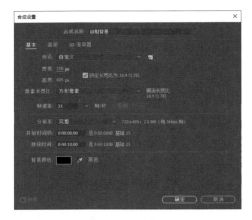

图6.118　新建合成

步骤02 执行菜单栏中的【图层】|【新建】|【纯色】命令，在弹出的对话框中将【名称】更改为红色背景，【颜色】更改为黑色，完成之后单击【确定】按钮。

步骤03 在时间轴面板中，选中【红色背景】图层，在【效果和预设】面板中展开【生成】特效组，然后双击【梯度渐变】特效。

步骤04 在【效果控件】面板中，修改【梯度渐变】特效的参数，设置【渐变起点】为（360，0），【起始颜色】为红色（R:255，G:30，B:90），【渐变终点】为（360，405），【结束颜色】为红色（R:255，G:78，B:125），【渐变形状】为线性渐变，如图6.119所示。

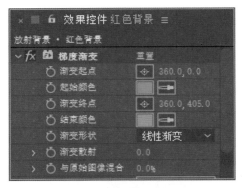

图6.119　添加梯度渐变

步骤05 在【项目】面板中，选中【放射效果】合成，将其拖至【放射背景】时间轴面板中并适当缩小，如图6.120所示。

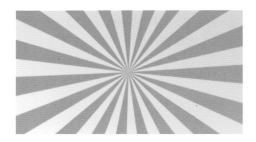

图6.120　添加合成图像

6.4.3　制作Show主题字

步骤01 执行菜单栏中的【合成】|【新建合成】命令，打开【合成设置】对话框，设置【合成名称】为"主题字"，【宽度】为"200"，【高度】为"150"，【帧速率】为"25"，并设置【持续时间】为00:00:10:00秒，【背景颜色】为黑色，完成之后单击【确定】按钮，如图6.121所示。

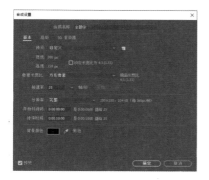

图6.121　新建合成

步骤02 选择工具箱中的【横排文字工具】**T**，在图像中添加文字（Eras Demi ITC），如图6.122所示。

图6.122　添加文字

步骤03 在时间轴面板中，选中【Talk】图层，在【效果和预设】面板中展开【生成】特效组，然后双击【梯度渐变】特效。

步骤04 在【效果控件】面板中，修改【梯度渐变】特效的参数，设置【渐变起点】为（100，26），【起始颜色】为灰色（R:128，G:128，B:128），【渐变终点】为（100，84），【结束颜色】为白色，【渐变形状】为线性渐变，如图6.123所示。

图6.123　添加梯度渐变

步骤05 在时间轴面板中，选中【Talk】图层，在【效果控件】面板中，选中【梯度渐变】效果，按Ctrl+C组合键将其复制，选中【Show】图层，在【效果控件】面板中，按Ctrl+V组合键将其粘贴，如图6.124所示。

图6.124　复制并粘贴效果

步骤06 在时间轴面板中，在【Talk】图层名称上右击，在弹出的菜单中选择【图层样式】|【描边】，将【颜色】更改为灰色（R:76，G:76，B:76），【大小】更改为2，如图6.125所示。

图6.125　添加图层模式

步骤07 在时间轴面板中，选中【Talk】图层，选中【描边】效果，按Ctrl+C组合键将其复制，选中【Show】图层，按Ctrl+V组合键将描边效果粘贴，如图6.126所示。

图6.126　粘贴描边效果

步骤08 在时间轴面板中，选中【Talk】图层，在【效果和预设】面板中展开【透视】特效组，然后双击【斜面Alpha】特效。

步骤09 在【效果控件】面板中，修改【斜面Alpha】特效的参数，设置【边缘厚度】为1，如图6.127所示。

图6.127 设置斜面Alpha

步骤10 在时间轴面板中，选中【Talk】图层，在

【效果控件】面板中，选中【斜面Alpha】效果，按Ctrl+C组合键将其复制，选中【Show】图层，在【效果控件】面板中，按Ctrl+V组合键将其粘贴，如图6.128所示。

图6.128 复制并粘贴效果

6.4.4 打造电视屏幕动画

步骤01 执行菜单栏中的【合成】|【新建合成】命令，打开【合成设置】对话框，设置【合成名称】为"电视动画"，【宽度】为"600"，【高度】为"600"，【帧速率】为"25"，并设置【持续时间】为00:00:10:00秒，【背景颜色】为黑色，完成之后单击【确定】按钮，如图6.129所示。

图6.129 新建合成

步骤02 在【项目】面板中，选中【人物.png】素材，将其拖至时间轴面板中。

步骤03 执行菜单栏中的【图层】|【新建】|【纯色】命令，在弹出的对话框中将【名称】更改为杂点，【颜色】更改为黑色，完成之后单击【确定】按钮。

步骤04 在时间轴面板中，选中【杂点】图层，在【效果和预设】面板中展开【杂色和颗粒】特效组，然后双击【分形杂色】特效。

步骤05 在【效果控件】面板中，修改【分形杂色】特效的参数，设置【缩放】为2，如图6.130所示。

图6.130 设置分形杂色

步骤06 在【效果控件】面板中，按住Alt键单击【演化】左侧的码表，输入（time*2000），为当前图层添加表达式，如图6.131所示。

图6.131 添加表达式

步骤07 选中工具箱中的【矩形工具】，绘制一个细长矩形，设置【填充】为白色，【描边】为无，将生成一个【形状图层 1】图层，如图6.132所示。

图6.132 绘制矩形

步骤08 在时间轴面板中，选中【形状图层 1】图层，在【效果和预设】面板中展开【过时】特效组，然后双击【高斯模糊（旧版）】特效。

步骤09 在【效果控件】面板中，修改【高斯模糊（旧版）】特效的参数，设置【模糊度】为9，如图6.133所示。

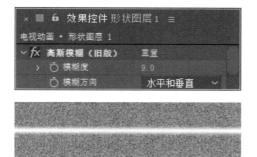

图6.133 设置高斯模糊

步骤10 在时间轴面板中，选中【形状图层1】层，将其图层模式更改为叠加，再按T键打开【不透明度】，将【不透明度】更改为20%，如图6.134所示。

步骤11 在时间轴面板中，将时间调整到00:00:00:00帧的位置，选中【形状图层1】图层，按P键打开【位置】，单击【位置】左侧的码表，在当前位置添加关键帧，并将其向下移到图像之外的区域，如图6.135所示。

图6.134 更改不透明度

图6.135 添加关键帧

步骤12 将时间调整到00:00:00:10帧的位置，在图像中向上拖动移动其位置，系统将自动添加关键帧，制作位置动画，如图6.136所示。

步骤13 以同样方法每增加10帧，拖动一次图形，制作出上下滚动的动画效果，如图6.137所示。

步骤14 在时间轴面板中，同时选中【形状图层1】及【杂点】图层，右击，在弹出的快捷菜单中选择【预合成】命令，在弹出的对话框中将【新合成名称】更改为屏幕，完成之后单击【确定】按钮，如图6.138所示。

图6.136 制作位置动画

图6.137 制作滚动动画效果

图6.138 添加预合成

步骤15 在时间轴面板中，选中【屏幕】图层，按T键打开【不透明度】，将【不透明度】更改为60%，如图6.139所示。

步骤16 选中【屏幕】图层，在图像中将其等比例缩小，放在电视屏幕位置再适当旋转。

步骤17 选中工具箱中的【钢笔工具】 ，选中【屏幕】图层，沿电视屏幕绘制一个蒙版路径，如图6.140所示。

步骤18 在时间轴面板中，选中【屏幕】图层，按T键打开【不透明度】，将【不透明度】更改为100%，如图6.141所示。

图6.139 更改不透明度

图6.140 绘制蒙版路径　　　　图6.141 更改不透明度

步骤19 在时间轴面板中，选中【屏幕】图层，将其图层模式更改为叠加，再按Ctrl+D组合键复制一个【屏幕2】图层。

步骤20 选中【屏幕2】图层，将其图层模式更改为柔光，如图6.142所示。

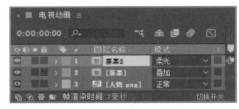

图6.142 复制图层并更改图层模式

6.4.5 制作嘴巴动画

步骤01 执行菜单栏中的【合成】|【新建合成】命令，打开【合成设置】对话框，设置【合成名称】为"嘴巴动画"，【宽度】为"1440"，【高度】为"200"，【帧速率】为"25"，并设置【持续时间】为00:00:02:00秒，【背景颜色】为黑色，完成之后单击【确定】按钮，如图6.143所示。

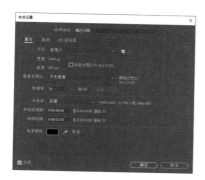

图6.143 新建合成

步骤02 在【项目】面板中，同时选中【嘴巴上.png】及【嘴巴下.png】素材，将其拖至时间轴面板中，再单击三维图层按钮，打开图层3D开关，如图6.144所示。

图6.144 添加素材图像

步骤03 在时间轴面板中，选中【嘴巴上.png】图层，将时间调整到00:00:00:00帧的位置，按R键打开【旋转】，单击【旋转】左侧的码表，在当前位置添加关键帧。

步骤04 将【X轴旋转】更改为（0，50），如图6.145所示。

图6.145 添加关键帧

步骤05 将时间调整到00:00:00:10帧的位置，将【X轴旋转】更改为（0，-50），系统将自动添加关键帧，如图6.146所示。

图6.146 更改数值

步骤06 将时间调整到00:00:00:20帧的位置，将【X轴旋转】更改为（0，50），以同样的方法每隔10帧更改一次正负50数值，如图6.147所示。

图6.147 再次更改数值

步骤07 在时间轴面板中，选中【嘴巴下.png】图层，将时间调整到00:00:00:00帧的位置，按R键打开【旋转】，单击【旋转】左侧的码表，在当前位置添加关键帧。

步骤08 将【X轴旋转】更改为（0，-50），如图6.148所示。

图6.148 添加关键帧

步骤09 将时间调整到00:00:00:10帧的位置，将【X轴旋转】更改为（0，-50），系统将自动添加关键帧，如图6.149所示。

图6.149 更改数值

步骤10 以刚才同样的方法为【嘴巴下.png】图层制作嘴巴运动动画，如图6.150所示。

图6.150 制作动画效果

6.4.6 进一步强化动画氛围

步骤01 在时间轴面板中，同时选中图层，右击，在弹出的快捷菜单中选择【预合成】命令，在弹出的对话框中将【新合成名称】更改为嘴巴，完成之后单击【确定】按钮，如图6.151所示。

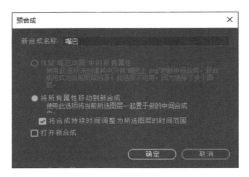

图6.151 添加预合成

步骤02 在时间轴面板中，选中【嘴巴】合成，将其移至图像左侧位置，如图6.152所示。

图6.152 移动图像

步骤03 在时间轴面板中，选中【嘴巴】图层，按Ctrl+D组合键多次，复制多份图层，并将其按照顺序排列，如图6.153所示。

图6.153 复制图层

6.4.7 制作背景动画

步骤01 执行菜单栏中的【合成】|【新建合成】命令，打开【合成设置】对话框，设置【合成名称】为"背景部分动画"，【宽度】为"720"，【高度】为"405"，【帧速率】为"25"，并设置【持续时间】为00:00:10:00秒，【背景颜色】为黑色，完成之后单击【确定】按钮，如图6.154所示。

步骤02 在【项目】面板中，选中【放射背景】素材，将其拖至时间轴面板中。

步骤03 在时间轴面板中，按S键打开【缩放】，单击约束比例 🔗，将数值更改为（100，75），如图6.155所示。

图6.154 新建合成

图6.155 添加素材图像

步骤04 在【项目】面板中，选中【山.png】【猫.png】及【城市.png】素材，将其拖至时间轴面板中，合成中显示效果如图6.156所示。

图6.156 再次添加素材图像

步骤05 在时间轴面板中，选中【猫.png】图层，将图像等比例缩小并适当旋转后放在山图像的适当位置，如图6.157所示。

图6.157 添加素材

步骤06 在时间轴面板中，选中【山.png】图层，在【效果和预设】面板中展开【颜色校正】特效组，然后双击【三色调】特效。

步骤07 在【效果控件】面板中，修改【三色调】特效的参数，设置【中间调】为紫色（R:248，G:76，B:195），【与原始图像混合】为20，如图6.158所示。

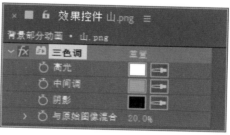

图6.158 设置三色调

步骤08 在时间轴面板中，选中【山.png】图层，按Ctrl+D组合键复制数个新图层，将复制生成的图层适当缩小并放在适当位置，如图6.159所示。

图6.159 复制及移动图像

步骤09 在【项目】面板中，选中【飞碟.png】【月球.png】素材，将其拖至时间轴面板中，合成中显示效果如图6.160所示。

图6.160 添加素材图像

步骤10 在时间轴面板中，选中【月球.png】图层，将时间调整到00:00:00:00帧的位置，按R键打开【旋转】，按住Alt键单击【旋转】左侧的码表，输入（time*20），为当前图层添加旋转动画表达式，如图6.161所示。

图6.161 添加旋转动画表达式

步骤11 在时间轴面板中，选中【飞碟.png】图层，在图像中将图像适当旋转，如图6.162所示。

图6.162 旋转图像

步骤12 在时间轴面板中，将时间调整到00:00:00:00帧的位置，选中【飞碟.png】图层，按P键打开【位置】，单击【位置】左侧的码表，在当前位置添加关键帧。

步骤13 按S键打开【缩放】，单击【缩放】左侧的码表，在当前位置添加关键帧，将其数值更改为（0，0）。

步骤14 按R键打开【旋转】，单击【旋转】左侧

的码表，在当前位置添加关键帧，如图6.163所示。

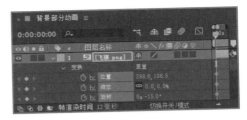

图6.163 添加动画关键帧

步骤15 在时间轴面板中，将时间调整到00:00:05:00帧的位置，将【缩放】更改为（50，50），【旋转】更改为（0，15），在图像中将其向右侧拖到图像之外的区域，制作出飞碟动画效果，如图6.164所示。

图6.164 制作飞碟动画效果

步骤16 在【项目】面板中，选中【主题字】合成，将其拖至时间轴面板中，合成中显示效果如图6.165所示。

图6.165 添加合成图像

步骤01 在时间轴面板中，选中【主题字】图层，在【效果和预设】面板中展开【透视】特效组，然后双击【斜面Alpha】特效。

步骤02 在【效果控件】面板中，修改【斜面Alpha】特效的参数，设置【边缘厚度】为2，【灯光强度】为0.4，如图6.166所示。

图6.166 设置斜面Alpha

步骤03 在时间轴面板中，将时间调整到00:00:01:15帧的位置，选中【主题字】图层，按P键打开【位置】，单击【位置】左侧的码表，在当前位置添加关键帧，在图像中将其向上方移到图像之外的区域。

步骤04 按R键打开【旋转】，单击【位置】左侧的码表，在当前位置添加关键帧，将【旋转】数值更改为（0，30），如图6.167所示。

图6.167 添加关键帧

步骤05 选中工具箱中的【向后平移锚点工具】，将图像定位点移至右下角位置，如图6.168所示。

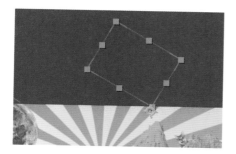

图6.168 更改图像定位点

步骤06 在时间轴面板中，将时间调整到00:00:03:00帧的位置，将【旋转】数值更改为（0，0）。

步骤07 将文字向下拖动，系统将自动添加关键帧，如图6.169所示。

图6.169 制作旋转及位置动画

步骤08 在【项目】面板中，选中【奶牛.png】素材，将其拖至时间轴面板中并放在图像右上角位置，合成中显示效果如图6.170所示。

图6.170 添加素材图像

步骤09 在时间轴面板中，将时间调整到00:00:00:00帧的位置，选中【奶牛.png】图层，按P键打开【位置】，单击【位置】左侧的码表，在当前位置添加关键帧。

步骤10 按S键打开【缩放】，单击【缩放】左侧的码表，在当前位置添加关键帧，将【缩放】数值更改为（50，50），如图6.171所示。

图6.171 添加关键帧

步骤11 在时间轴面板中，将时间调整到00:00:03:00帧的位置，将【缩放】更改为（100，100），再将其向左侧拖至图像之外的区域，系统将自动添加关键帧，如图6.172所示。

图6.172 制作缩放及位置动画

6.4.9 制作出细节动画

步骤01 在时间轴面板中，将时间调整到00:00:00:00帧的位置，选中【奶牛.png】图层，按R键打开【旋转】。

步骤02 按住Alt键单击【旋转】左侧的码表，输入（posterizeTime（10）；wiggle(10,5);），为当前图层添加旋转表达式，如图6.173所示。

图6.173 添加旋转表达式

步骤03 在【项目】面板中，选中【宇航员.png】素材，将其拖至时间轴面板中，合成中显示效果如图6.174所示。

步骤04 选中工具箱中的【向后平移锚点工具】，将图像定位点移至右上角位置，如图6.175所示。

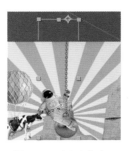

图6.174 添加素材图像　　图6.175 更改定位点

步骤05 在时间轴面板中，选中【宇航员.png】图

层，将时间调整到00:00:00:00帧的位置，按R键打开【旋转】，单击【旋转】左侧的码表，在当前位置添加关键帧，将【旋转】数值更改为（0，−120）。

步骤06 将时间调整到00:00:03:00帧的位置，将【旋转】更改为（0，100），将时间调整到00:00:06:00帧的位置，将【旋转】更改为（0，−120），系统将自动添加关键帧，如图6.176所示。

图6.176 制作旋转动画

步骤07 同时选中【宇航员.png】图层中00:00:00:00帧的位置及00:00:06:00帧的位置的关键帧，执行菜单栏中的【动画】|【关键帧辅助】|【缓动】命令，为动画添加缓动效果，如图6.177所示。

图6.177 添加缓动效果

步骤08 在【项目】面板中，选中【人物.png】【唱机.png】【吉他.png】【天鹅.png】素材及【电视动画】合成，将其拖至时间轴面板中，合成中显示效果如图6.178所示。

图6.178 添加素材图像

步骤09 在时间轴面板中，选中【唱机.png】图层，按Ctrl+D组合键复制一个【唱机2.png】图层。

步骤10 选中【唱机2.png】图层，在其图层名称上右击，在弹出的菜单中选择【变换】|【水平翻转】命令，再将其向左侧平移至与原图像相对位置，如图6.179所示。

图6.179 复制图像

步骤11 在时间轴面板中，选中【电视动画】图层，选中工具箱中的【向后平移锚点工具】，将图像中的定位点移至底部位置，如图6.180所示。

图6.180 更改定位点

步骤12 将时间调整到00:00:01:00帧的位置，按S键打开【缩放】，单击【缩放】左侧的码表，在当前位置添加关键帧，将数值更改为（0，0）。

步骤13 将时间调整到00:00:01:10帧的位置，将【缩放】更改为（50，50），系统将自动添加关键帧，如图6.181所示。

图6.181 制作缩放动画

步骤14 选中【人物2.png】图层，选中工具箱中的【向后平移锚点工具】，将图像中的定位点移至底部位置，如图6.182所示。

图6.182 更改定位点

步骤15 将时间调整到00:00:01:00帧的位置，按S键打开【缩放】，单击【缩放】左侧的码表，在当前位置添加关键帧，将数值更改为（0，0）。

步骤16 将时间调整到00:00:01:10帧的位置，将【缩放】更改为（30，30），将时间调整到00:00:01:20帧的位置，将【缩放】更改为（10，10），将时间调整到00:00:02:05帧的位置，将【缩放】更改为（30，30），系统将自动添加关键帧，如图6.183所示。

图6.183 制作缩放动画

6.4.10 补充动画元素

步骤01 在【项目】面板中，同时选中【路.jpg】及【地面.jpg】素材，将其拖至时间轴面板中，合成中显示效果如图6.184所示。

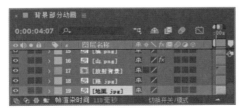

图6.184 添加素材图像

步骤02 在【项目】面板中，同时选中【路.jpg】及【地面.jpg】素材，单击三维图层按钮◎，打开图层3D开关。

步骤03 按R键打开【旋转】，将【X轴旋转】更改为（0，−90），如图6.185所示。

图6.185 更改旋转

步骤04 在【项目】面板中，选中【嘴巴动画】合成，将其拖至时间轴面板中，并将其移至合成画面底部位置，合成中显示效果如图6.186所示。

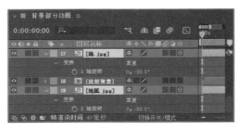

图6.186 添加素材图像

步骤05 在时间轴面板中，将时间调整到00:00:00:00帧的位置，选中【嘴巴动画】图层，按P键打开【位置】，单击【位置】左侧的码表◎，在当前位置添加关键帧，并将其向右拖动。

步骤06 将时间调整到00:00:01:24帧的位置，在图像中移动其位置，系统将自动添加关键帧，制作位置动画，并将其向左拖动，如图6.187所示。

图6.187 制作位置动画

步骤07 在时间轴面板中，选中【嘴巴动画】图层，按Ctrl+D组合键复制一个【嘴巴动画2】图层。

步骤08 将时间调整到00:00:02:00帧的位置，选中【嘴巴动画2】图层，按[键设置动画入点，如图6.188所示。

图6.188 复制图层

步骤09 以同样的方法再将图层复制数份，并分别更改其动画入点，如图6.189所示。

图6.189 复制图层并更改图层动画入点

步骤10 这样就完成了最终整体效果制作，按小键盘上的0键即可在合成窗口中预览动画。

第**7**章
Chapter

视频路径
movie /7.1 生日主题动画设计.avi
movie /7.2 学校教育宣传片设计.avi
movie /7.3 海滩风情节宣传片设计.avi
movie /7.4 儿童节主题宣传片设计.avi
movie /7.5 新车发布动画设计.avi

主题宣传片包装设计

内容摘要

本章主要讲解主题宣传片包装设计。宣传片主要起到宣传的作用，因此在设计过程中应当尤其注意设计的重点所在，比如学校教育宣传片或者海滩风情节的设计，成功的宣传片设计可以传递极佳的视觉效果及有效的信息。本章列举了学校教育宣传片设计、海滩风情节宣传片设计、生日主题动画设计、儿童节主题宣传片设计及新车发布动画设计，通过对本章的学习可以基本掌握主题宣传片的包装设计。

教学目标

- ☐ 学会学校教育宣传片设计
- ☐ 了解海滩风情节宣传片设计
- ☐ 掌握生日主题动画设计
- ☐ 理解儿童节主题宣传片设计
- ☐ 学会新车发布动画设计

7.1 生日主题动画设计

• 实例解析

本例主要讲解生日主题动画设计，本例在设计过程中选取了大量的气球图像作为装饰元素，同时添加了儿童人物图像完成动画制作，最终效果如图7.1所示。

• 知识点

【位置】【旋转】【摆动器】【文字动画】

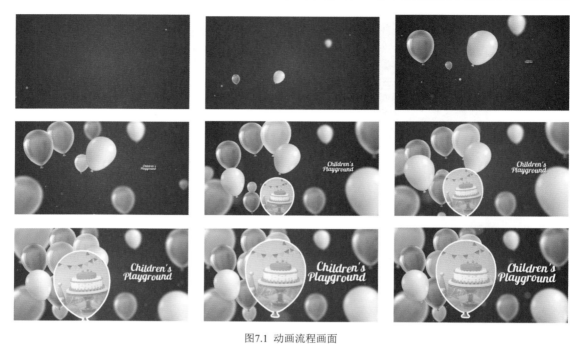

图7.1 动画流程画面

• 操作步骤

7.1.1 制作渐变背景

步骤01 执行菜单栏中的【合成】|【新建合成】命令，打开【合成设置】对话框，设置【合成名称】为"气球场景"，【宽度】为"720"，【高度】为"405"，【帧速率】为"25"，并设置【持续时间】为00:00:06:00秒，【背景颜色】为黑色，完成之后单击【确定】按钮，如图7.2所示。

图7.3 导入素材

步骤03 执行菜单栏中的【图层】|【新建】|【纯色】命令，在弹出的对话框中将【名称】更改为背景，【颜色】更改为黑色，完成之后单击【确定】按钮。

步骤04 在时间轴面板中，选中【背景】图层，在【效果和预设】面板中展开【生成】特效组，然后双击【梯度渐变】特效。

图7.2 新建合成

步骤02 打开【导入文件】对话框，选择"工程文件\第7章\生日主题动画设计\生日.jpg、气球.png、气球.avi、粒子.mov"素材，如图7.3所示。

步骤05 在【效果控件】面板中，修改【梯度渐变】特效的参数，设置【渐变起点】为（360，200），【起始颜色】为蓝色（R:0，G:54，B:94），【渐变终点】为（720，405），【结束颜色】为深蓝色（R:0，G:27，B:48），【渐变形状】为径向渐变，如图7.4所示。

步骤06 在【项目】面板中，选中【气球.avi】素材，将其拖至时间轴面板中，并将其图层模式更改为屏幕，如图7.5所示。

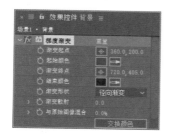

图7.4 添加梯度渐变

图7.5 添加素材图像

7.1.2 添加生日图像

步骤01 执行菜单栏中的【合成】|【新建合成】命令，打开【合成设置】对话框，设置【合成名称】为"生日图像"，【宽度】为"400"，【高度】为"500"，【帧速率】为"25"，并设置【持续时间】为00:00:10:00秒，【背景颜色】为黑色，完成之后单击【确定】按钮，如图7.6所示。

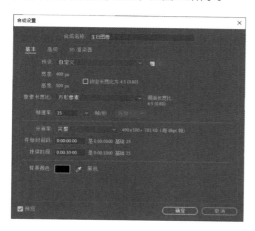

图7.6 新建合成

步骤02 在【项目】面板中，同时选中【生日.jpg】及【气球.jpg】素材，将其拖至时间轴面板中，并适当缩小【生日.jpg】图像，如图7.7所示。

图7.7 添加素材图像

步骤03 在时间轴面板中，选中【气球.jpg】图层，按Ctrl+D组合键复制一个【气球.jpg】图层。

步骤04 在时间轴面板中，将【生日.jpg】层拖动到两个气球图像之间位置,设置【生日.jpg】层的【轨道遮罩】为【1.气球.jpg】,如图7.8所示。

图7.8 设置轨道遮罩

7.1.3 制作生日动画

步骤01 在【项目】面板中,选中【生日图像】合成,将其拖至【气球场景】时间轴面板中,并适当缩小气球图像。

步骤02 在时间轴面板中,选中【生日图像】图层,右击,在弹出的快捷菜单中选择【图层样式】|【描边】选项,再依次展开【图层样式】|【描边】,将【颜色】更改为白色,【大小】更改为5,如图7.9所示。

图7.9 添加图像描边

步骤03 在时间轴面板中,选中【生日图像】图层,将时间调整到00:00:00:10帧的位置,按P键打开

【位置】,单击【位置】左侧的码表,在当前位置添加关键帧。

步骤04 在图像中将其向下移至画布底部位置,如图7.10所示。

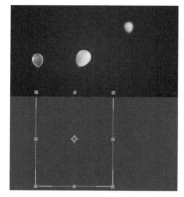

图7.10 添加位置关键帧

步骤05 将时间调整到00:00:00:20帧的位置,在图像中向上移动其位置,系统将自动添加关键帧,制作位置动画,如图7.11所示。

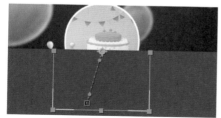

图7.11 制作位置动画

步骤06 以同样的方法分别在00：00：01：05及00：00：01：15帧的位置，拖动图像更改其位置，制作出位置动画，如图7.12所示。

图7.12 在多处制作位置动画

步骤07 在时间轴面板中，选中【生日图像】图层，将时间调整到00：00：00：10帧的位置，按R键打开【旋转】，单击【旋转】左侧的码表 ，在当前位置添加关键帧，如图7.13所示。

图7.13 添加旋转关键帧

步骤08 将时间调整到00：00：00：20帧的位置，将【旋转】更改为（0，20），如图7.14所示。

步骤09 以同样的方法分别在00：00：01：05及00：00：01：15帧的位置更改【旋转】数值，制作出旋转动画，如图7.15所示。

步骤10 在时间轴面板中，选中【生日图像】图层，将时间调整到00：00：00：10帧的位置，按S键打开【缩放】，单击【缩放】左侧的码表 ，在当前位置添加关键帧，将数值更改为（0，0）。

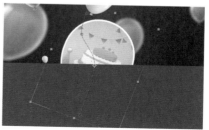

图7.14 更改数值

图7.15 制作旋转动画

步骤11 将时间调整到00：00：01：15帧的位置，将【缩放】更改为（80，80），系统将自动添加关键帧，如图7.16所示。

图7.16 制作位置动画

步骤12 选中所有【生日图像】图层关键帧，执行菜单栏中的【动画】|【关键帧辅助】|【缓动】命令，为动画添加缓动效果，如图7.17所示。

图7.17 添加缓动效果

7.1.4 设计文字动画

步骤01 选择工具箱中的【横排文字工具】，在图像中添加文字（Lobster 1.4），如图7.18所示。

图7.18 添加文字

步骤02 在时间轴面板中，选中【文字】图层，在【效果和预设】面板中展开【透视】特效组，然后双击【投影】特效。

步骤03 在【效果控件】面板中，修改【投影】特效的参数，设置【柔和度】为5，如图7.19所示。

图7.19 添加投影效果

步骤04 在时间轴面板中，选中【文字】图层，将时间调整到00:00:00:10帧的位置，按S键打开【缩放】，单击【缩放】左侧的码表，在当前位置添加关键帧，将数值更改为（0，0）。

步骤05 将时间调整到00:00:01:15帧的位置，将【缩放】更改为（100，100），系统将自动添加关键帧，如图7.20所示。

图7.20 制作缩放动画

步骤06 在时间轴面板中，展开文字层，单击文本右侧的【动画：】按钮，在弹出的选项中选择【位置】，

再单击【动画制作工具1】右侧的【添加：】按钮，在弹出的选项中选择【属性】|【旋转】，如图7.21所示。

图7.21 添加文字动画效果

步骤07 单击【动画制作工具1】右侧的【添加：】按钮，在弹出的选项中选择【选择器】|【摆动】，如图7.22所示。

图7.22 添加摆动效果

步骤08 将时间调整到00:00:00:10帧的位置，分别单击【位置】及【旋转】左侧的码表，在当前位置添加关键帧，将时间调整到00:00:01:15帧的位置，将【位置】更改为（0，5），【旋转】更改为（0，5），系统将自动添加关键帧，制作出摆动效果，如图7.23所示。

图7.23 更改数值制作摆动效果

步骤09 在【项目】面板中，选中【粒子.mov】素材，将其拖至时间轴面板中，将其图层模式更改为屏幕，在图像中将其等比例缩小，如图7.24所示。

步骤10 这样就完成了最终整体效果制作，按小键盘上的0键即可在合成窗口中预览动画。

图7.24 添加素材并更改图层模式

7.2 学校教育宣传片设计

● 实例解析

本例主要讲解学校教育宣传片设计。本例的设计以学校教育元素作为动画的主视觉，通过添加学习用具以及学生人物图像即可完成整个动画设计效果，最终效果如图7.25所示。

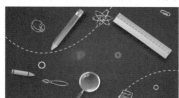

图7.25 动画流程画面

● 知识点

【轨道蒙版】【表达式】【文字动画】【蒙版】

• 操作步骤

7.2.1 制作渐变背景

步骤01 执行菜单栏中的【合成】|【新建合成】命令，打开【合成设置】对话框，设置【合成名称】为"场景1"，【宽度】为"720"，【高度】为"405"，【帧速率】为"25"，并设置【持续时间】为00:00:05:00秒，【背景颜色】为黑色，完成之后单击【确定】按钮，如图7.26所示。

图7.26 新建合成

步骤02 打开【导入文件】对话框，选择"工程文件\第7章\学校教育宣传片设计\学生.jpg、学习用品.png、学习用品2.png、墨迹.png、放大镜.png"素材，如图7.27所示。

图7.27 导入素材

步骤03 执行菜单栏中的【图层】|【新建】|【纯色】命令，在弹出的对话框中将【名称】更改为背景，【颜色】更改为黑色，完成之后单击【确定】按钮。

步骤04 在时间轴面板中，选中【背景】图层，在【效果和预设】面板中展开【生成】特效组，然后双击【梯度渐变】特效。

步骤05 在【效果控件】面板中，修改【梯度渐变】

特效的参数，设置【渐变起点】为（360，200），【起始颜色】为绿色（R:48，G:76，B:63），【渐变终点】为（720，0），【结束颜色】为绿色（R:29，G:50，B:40），【渐变形状】为径向渐变，如图7.28所示。

图7.28 添加梯度渐变

步骤06 在【项目】面板中，选中【学习用品.png】素材，将其拖至时间轴面板中，如图7.29所示。

图7.29 添加素材图像

步骤07 在时间轴面板中，选中【学习用品.png】图层，按R键打开【旋转】，按住Alt键单击【旋转】左侧的码表，输入（posterizeTime(5); wiggle(2,3);），为当前图层添加表达式，如图7.30所示。

图7.30 添加表达式

7.2.2 打造文字隐现动画

步骤01 选择工具箱中的【横排文字工具】T，在图像中添加文字（Microsoft Tai Le），如图7.31所示。

图7.31 添加文字

步骤02 在时间轴面板中展开文字层，单击【文本】右侧的【动画】按钮动画：，在弹出的菜单中选择【缩放】命令，设置【缩放】的值为（200，200），单击【动画制作工具 1】右侧的【添加】按钮添加：，从菜单中选择【属性】|【不透明度】和【属性】|【模糊】选项，设置【不透明度】的值为0%，【模糊】的值为（50，50），如图7.32所示。

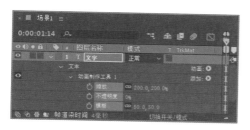

图7.32 添加动画效果

步骤03 展开【动画制作工具 1】选项组，选择【范围选择器 1】|【高级】选项，在【单位】右侧的下拉列表中选择【索引】，在【形状】右侧的下拉列表中选择【上斜坡】，设置【缓和低】的值为100，【随机排序】为【开】，如图7.33所示。

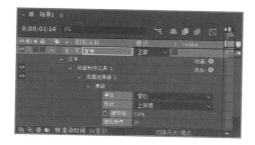

图7.33 设置动画参数

步骤04 调整时间到00:00:00:00帧的位置，展开【范围选择器 1】选项，设置【结束】的值为10，【偏移】的值为-10，单击【偏移】左侧的码表，在此位置设置关键帧。

步骤05 调整时间到00:00:02:00帧的位置，设置【偏移】的值为20，系统自动添加关键帧，制作出文字隐现动画，如图7.34所示。

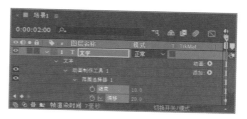

图7.34 制作文字隐现动画

步骤06 选择工具箱中的【横排文字工具】T，在图像中添加文字（Microsoft Tai Le），如图7.35所示。

图7.35 添加文字

步骤07 在时间轴面板中，将时间调整到00:00:00:00帧的位置，选中【底部文字】图层，按T键打开【不透明度】，将【不透明度】更改为0%，单击【不透明度】左侧的码表，在当前位置添加关键帧。

步骤08 将时间调整到00:00:02:00帧的位置，将【不透明度】更改为50%，将时间调整到00:00:04:00帧的位置，将【不透明度】更改为100%，系统将自动添加关键帧，制作不透明度动画，如图7.36所示。

图7.36 制作不透明度动画

7.2.3 制作放大镜动画

步骤01 在【项目】面板中，选中【放大镜.png】素材，将其拖至时间轴面板中，并放在刚才添加的文字位置，如图7.37所示。

图7.37 添加素材图像

步骤02 在时间轴面板中，选中【放大镜.png】图层，将时间调整到00:00:00:00帧的位置，按P键打开【位置】，单击【位置】左侧的码表，在当前位置添加关键帧，如图7.38所示。

图7.39 制作位置动画

步骤04 以同样的方法分别在00:00:02:00、00:00:03:00、00:00:04:00、00:00:04:24帧的位置制作位置动画效果，如图7.40所示。

图7.38 添加关键帧

步骤03 将时间调整到00:00:01:00帧的位置，在图像中向右侧移动其位置，系统将自动添加关键帧，制作位置动画，如图7.39所示。

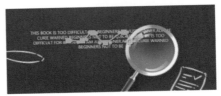

图7.40 再次制作位置动画效果

7.2.4 添加装饰元素动画

步骤01 选中工具箱中的【钢笔工具】，在图像中绘制一条曲线，在选项栏中设置【填充】为无，【描边】为白色，【描边宽度】为2，如图7.41所示。

步骤02 将时间调整到00:00:00:00帧的位置，在时间轴面板中，展开【形状图层1】|【内容】|【形状1】|【描边1】|【虚线】选项，将虚线更改为10，并单击【偏移】左侧的码表，在当前位置添加关键帧，如图7.42所示。

步骤03 将时间调整到00:00:04:24帧的位置，将【偏移】更改为-200，系统将自动添加关键帧，如图7.43所示。

步骤04 在时间轴面板中，选中【形状图层 1】图层，按Ctrl+D组合键复制一个【形状图层 2】图层。

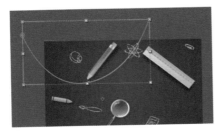

图7.41 绘制曲线

图7.42 设置形状参数

图7.43 更改数值

步骤05 在时间轴面板中，选中【形状图层 2】图层，按R键打开【旋转】，将其数值更改为（0,180），在图像中将其移至右下角位置，如图7.44所示。

图7.44 复制图形

步骤06 选中工具箱中的【椭圆工具】 ，在图像

左侧按住Shift+Ctrl组合键绘制一个正圆，设置【填充】为无，【描边】为白色，【描边宽度】为3，将生成一个【形状图层3】图层，如图7.45所示。

图7.45 绘制图形

步骤07 按住Alt键单击【形状图层3】【位置】左侧的码表 ，输入（posterizeTime(5);wiggle(2,3);），为当前图层添加表达式，如图7.46所示。

图7.46 添加表达式

步骤08 在时间轴面板中，选中【形状图层3】图层，按Ctrl+D组合键复制一个【形状图层4】图层。

步骤09 在图像中将其移至右下角位置并等比例缩小，如图7.47所示。

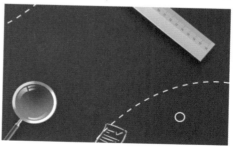

图7.47 复制图形

7.2.5 制作场景2动画

步骤01 执行菜单栏中的【合成】|【新建合成】命令，打开【合成设置】对话框，设置【合成名称】为"场景2"，【宽度】为"720"，【高度】为"405"，【帧速率】为"25"，并设置【持续时间】为00:00:05:00秒，【背景颜色】为黑色，完成之后单击【确定】按钮，如图7.48所示。

转】左侧的码表 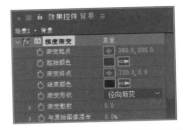，输入（posterizeTime(5);wiggle(2,3);），为当前图层添加表达式，如图7.51所示。

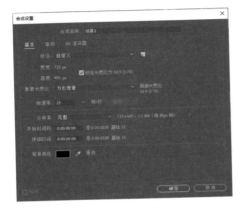

图7.48 新建合成

步骤02 执行菜单栏中的【图层】|【新建】|【纯色】命令，在弹出的对话框中将【名称】更改为背景，【颜色】更改为黑色，完成之后单击【确定】按钮。

步骤03 在【场景1】合成中，选中【背景】图层，在【效果控件】面板中，选中【梯度渐变】效果，按Ctrl+C组合键将其复制。

步骤04 在【场景2】合成中选中【背景】图层，在【效果控件】面板中，按Ctrl+V组合键将其粘贴，如图7.49所示。

步骤05 在【项目】面板中，选中【学习用品2.png】素材，将其拖至时间轴面板中，如图7.50所示。

步骤06 在时间轴面板中，选中【学习用品2.png】图层，按R键打开【旋转】，按住Alt键单击【旋

图7.49 复制及粘贴渐变效果

图7.50 添加素材图像

图7.51 添加表达式

7.2.6 设计墨迹动画

步骤01 执行菜单栏中的【合成】|【新建合成】命令，打开【合成设置】对话框，设置【合成名称】为"墨迹动画"，【宽度】为"900"，【高度】为"800"，【帧速率】为"25"，并设置【持续时间】为

00:00:05:00秒，【背景颜色】为黑色，完成之后单击【确定】按钮，如图7.52所示。

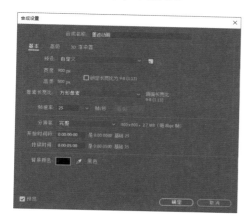

图7.52 新建合成

步骤02 在【项目】面板中，选中【墨迹.png】素材，将其拖至时间轴面板中，如图7.53所示。

图7.53 添加素材

步骤03 在画布中将墨迹图像适当缩小并旋转，如图7.54所示。

图7.54 缩小图像

步骤04 在时间轴面板中，选中【墨迹.png】图层，按Ctrl+D组合键复制两个新图层，并分别将图层名称更改为【墨迹2】【墨迹3】，如图7.55所示。

步骤05 选中工具箱中的【钢笔工具】，选中【墨迹.png】图层，在墨迹图像上绘制一个蒙版路径，如图7.56所示。

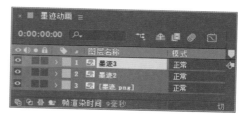

图7.55 复制图层

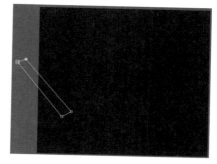

图7.56 绘制蒙版

步骤06 将时间调整到00:00:00:00帧的位置，展开【蒙版】|【蒙版1】，单击【蒙版路径】左侧的码表，在当前位置添加关键帧，如图7.57所示。

图7.57 添加关键帧

步骤07 将时间调整到00:00:00:07帧的位置，调整蒙版路径，系统将自动添加关键帧，如图7.58所示。

图7.58 调整蒙版路径

步骤08 在时间轴面板中，选中【墨迹2】图层，在图像中将其向右下角方向稍微移动，如图7.59所示。

步骤09 选中工具箱中的【钢笔工具】 ，选中【墨迹2】图层，在墨迹图像上绘制一个蒙版路径，如图7.60所示。

图7.59 移动图像

图7.60 绘制蒙版路径

步骤10 以刚才同样的方法为图像制作蒙版擦除效果，如图7.61所示。

图7.61 制作蒙版擦除效果

步骤11 在时间轴面板中，选中【墨迹3】图层，在图像中绘制蒙版路径，并为其制作蒙版擦除动画，如图7.62所示。

图7.62 制作蒙版擦除动画

步骤12 在时间轴面板中，同时选中所有图层，右击，在弹出的快捷菜单中选择【预合成】命令，在弹出的对话框中将【新合成名称】更改为墨迹部分，完成之后单击【确定】按钮，如图7.63所示。

步骤13 在【项目】面板中，选中【学生.jpg】素材，将其拖至时间轴面板中，如图7.64所示。

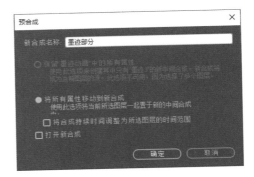
图7.63 添加预合成

图7.64 添加素材图像

步骤14 在时间轴面板中，选中【墨迹部分】合成，按Ctrl+D组合键复制一个【墨迹部分2】合成。

步骤15 在时间轴面板中，将【墨迹部分2】层拖动到【学生.jpg】层下面，设置【学生.jpg】层的【轨道遮罩】为【1.墨迹部分2】，如图7.65所示。

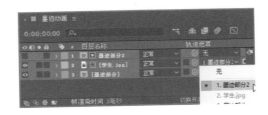
图7.65 设置轨道遮罩

7.2.7 制作场景动画

步骤01 打开【场景2】合成，在【项目】面板中，选中【墨迹动画】合成，将其拖至时间轴面板中，并将其适当缩小。

步骤02 在时间轴面板中，选中【墨迹动画】图层，按Ctrl+D组合键复制一个【墨迹动画2】图层，如图7.66所示。

图7.66 复制合成

步骤03 在时间轴面板中，选中【墨迹动画】图层，按T键打开【不透明度】，将【不透明度】更改为20%。

步骤04 选中【墨迹动画2】图层，在图像中将其等比例缩小，如图7.67所示。

步骤05 以刚才在场景1合成中制作的文字动画效果及装饰元素动画效果，在当前合成中制作相似的动画效果，如图7.68所示。

图7.67 更改不透明度并缩小图像

图7.68 制作动画效果

7.2.8 完成整体总合成动画

步骤01 执行菜单栏中的【合成】|【新建合成】命令，打开【合成设置】对话框，设置【合成名称】为"总合成"，【宽度】为"720"，【高度】为"405"，【帧速率】为"25"，并设置【持续时间】为00:00:10:00秒，【背景颜色】为黑色，完成之后单击【确定】按钮，如图7.69所示。

图7.70 添加合成

步骤03 在时间轴面板中，选中【场景2】图层，将时间调整到00:00:04:24帧的位置，按[键设置当前合成动画入点，如图7.71所示。

图7.71 设置合成动画入点

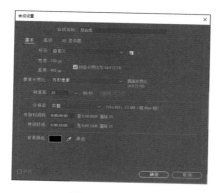

图7.69 新建合成

步骤02 在【项目】面板中，同时选中【场景1】及【场景2】合成，将其拖至时间轴面板中，如图7.70所示。

步骤04 选中工具箱中的【椭圆工具】，在图像右上角位置按住Shift+Ctrl组合键绘制一个正圆，设置【填充】为无，【描边】为黄色（R:255，G:202，B:16），【描边宽度】为60，将生成一个【形状图层 1】图层，如图7.72所示。

图7.72 绘制图形

步骤05 在时间轴面板中，选中【形状图层 1】图层，将时间调整到00:00:04:10帧的位置，按S键打开【缩放】，单击【缩放】左侧的码表，在当前位置添加关键帧，将数值更改为（0，0）。

步骤06 将时间调整到00:00:06:10帧的位置，将【缩放】更改为（7000，7000），系统将自动添加关键帧，如图7.73所示。

图7.73 制作缩放动画

步骤07 这样就完成了最终整体效果制作，按小键盘上的0键即可在合成窗口中预览动画。

7.3 海滩风情节宣传片设计

• 实例解析

本例主要讲解海滩风情节宣传片设计。本例的设计采用了三段饮品短片作为素材，通过素材动画的结合，最后定格于沙滩，整个宣传片具有浓浓的盛夏风情，最终效果如图7.74所示。

图7.74 动画流程画面

• 知识点

【动画制作工具】【投影】【发光】【曲线】【镜头光晕】

• 操作步骤

7.3.1 打造场景动画

步骤01 执行菜单栏中的【合成】|【新建合成】命令，打开【合成设置】对话框，设置【合成名称】为"场景"，【宽度】为"720"，【高度】为"405"，【帧速率】为"25"，并设置【持续时间】为00:00:05:00秒，【背景颜色】为黑色，完成之后单击【确定】按钮，如图7.75所示。

图7.76 导入素材

步骤03 在【项目】面板中，选中【场景.avi】素材，将其拖至时间轴面板中。

步骤04 选择工具箱中的【横排文字工具】，在图像中添加文字（Microsoft Tai Le），如图7.77所示。

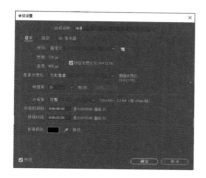

图7.75 新建合成

步骤02 打开【导入文件】对话框，选择"工程文件\第7章\海滩风情节宣传片设计\标志.png、场景.avi、场景2.avi、场景3.avi"素材，如图7.76所示。

图7.77 添加文字

7.3.2 打造动感文字特效

步骤01 在时间轴面板中展开文字层，单击【文本】右侧的【动画】按钮，在弹出的菜单中选择【缩放】命令，设置【缩放】的值为（200，200），单击【动画制作工具 1】右侧的【添加】按钮，从菜单中选择【属性】|【不透明度】和【属性】|【模糊】选项，设置【不透明度】的值为0%，【模糊】的值为（50，50），如图7.78所示。

步骤02 展开【动画制作工具 1】选项组，选择【范围选择器 1】|【高级】选项，在【单位】右侧的下拉列表中选择【索引】，在【形状】右侧的下拉列表中选择【上斜坡】，设置【缓和低】的值为100，【随机排序】为【开】，如图7.79所示。

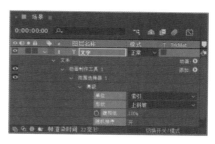

图7.79 设置动画参数

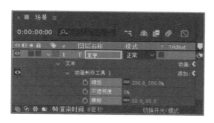

图7.78 添加动画效果

步骤03 调整时间到00:00:00:00帧的位置，展开

【范围选择器 1】选项，设置【结束】的值为10，
【偏移】的值为−10，单击【偏移】左侧的码表，
在此位置设置关键帧。

步骤04 调整时间到00:00:02:00帧的位置，设置
【偏移】的值为20，系统将自动添加关键帧，制作
出文字隐现动画，如图7.80所示。

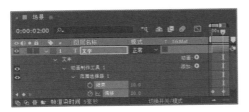

图7.80 制作文字隐现动画

步骤05 在时间轴面板中，选中【文字】图层，按
Ctrl+D组合键复制一个【文字2】图层。

步骤06 调整时间到00:00:03:00帧的位置，按[键设
置当前图层入点，如图7.81所示。

图7.81 复制图层并设置图层入点

步骤07 选择工具箱中的【横排文字工具】，更改
复制生成的文字信息，如图7.82所示。

图7.82 更改文字信息

步骤08 在时间轴面板中，将时间调整到
00:00:02:10帧的位置，选中【文字】图层，按T键
打开【不透明度】，单击【不透明度】左侧的码表
，在当前位置添加关键帧。

步骤09 将时间调整到00:00:02:15帧的位置，将
【不透明度】更改为0%，系统将自动添加关键帧，
制作不透明度动画，如图7.83所示。

图7.83 制作不透明度动画

7.3.3 制作场景2动画

步骤01 执行菜单栏中的【合成】|【新建合成】命
令，打开【合成设置】对话框，设置【合成名称】
为"场景2"，【宽度】为"720"，【高度】为
"405"，【帧速率】为"25"，并设置【持续时
间】为00:00:02:00秒，【背景颜色】为黑色，完
成之后单击【确定】按钮，如图7.84所示。

步骤02 在【项目】面板中，选中【场景2.avi】素
材，将其拖至时间轴面板中。

步骤03 选择工具箱中的【横排文字工具】，在
图像中添加文字（Britannic Bold），如图7.85所
示。

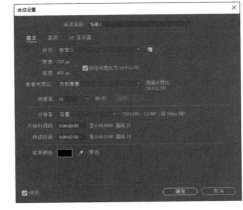

图7.84 新建合成

图7.85 添加文字

步骤04 在时间轴面板中，选中【文字】层，按T键打开【不透明度】，将【不透明度】更改为30%，如图7.86所示。

图7.86 更改不透明度

步骤05 在 时 间 轴 面 板 中 ， 将 时 间 调 整 到 00:00:00:00帧的位置，选中【文字】图层，按P键

打开【位置】，单击【位置】左侧的码表，在当前位置添加关键帧，并将文字向右侧拖至图像之外的区域，如图7.87所示。

图7.87 添加关键帧

步骤06 将时间调整到00:00:01:00帧的位置，在图像中向左侧拖动移动其位置，系统将自动添加关键帧，制作位置动画，如图7.88所示。

图7.88 制作位置动画

7.3.4 添加场景3动画

步骤01 执行菜单栏中的【合成】|【新建合成】命令，打开【合成设置】对话框，设置【合成名称】为"场景3"，【宽度】为"720"，【高度】为"405"，【帧速率】为"25"，并设置【持续时间】为00:00:05:00秒，【背景颜色】为黑色，完成之后单击【确定】按钮，如图7.89所示。

步骤02 在【项目】面板中，选中【场景3.avi】【标志.png】素材，将其拖至时间轴面板中，如图7.90所示。

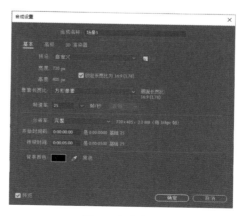

图7.89 新建合成

图7.90 添加素材

图7.92 制作位置及缩放动画

步骤03 在时间轴面板中，将时间调整到00:00:00:00帧的位置，选中【标志.png】图层，按P键打开【位置】，单击【位置】左侧的码表，在当前位置添加关键帧。

步骤04 按S键打开【缩放】，单击【缩放】左侧的码表，在当前位置添加关键帧。

步骤05 在合成窗口中将标志图像移动至适当位置，如图7.91所示。

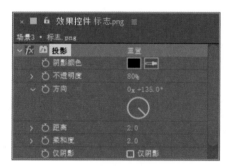

图7.93 设置投影

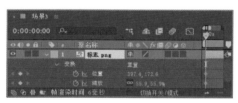

图7.91 添加关键帧

步骤06 将时间调整到00:00:02:00帧的位置，在图像中调整图像位置并适当放大图像，系统将自动添加关键帧，如图7.92所示。

步骤07 在时间轴面板中，选中【标志.png】图层，在【效果和预设】面板中展开【透视】特效组，然后双击【投影】特效。

步骤08 在【效果控件】面板中，修改【投影】特效的参数，设置【不透明度】为80%，【距离】为2，【柔和度】为2，如图7.93所示。

步骤09 在【效果和预设】面板中展开【风格化】特效组，然后双击【发光】特效。

步骤10 在【效果控件】面板中，修改【发光】特效的参数，设置【发光半径】为5，如图7.94所示。

图7.94 设置发光

7.3.5 添加细节文字

步骤01 选择工具箱中的【横排文字工具】**T**，在图像中添加文字（Britannic Bold），并将文字适当旋转，如图7.95所示。

图7.95 添加文字

步骤02 在时间轴面板中，选中【标志.png】图层，在【效果控件】面板中，选中【发光】效果，按Ctrl+C组合键将其复制，选中【ORANGE】图层，在【效果控件】面板中，按Ctrl+V组合键将其粘贴，如图7.96所示。

步骤03 在时间轴面板中，将时间调整到00:00:02:00帧的位置，选中【ORANGE】图层，按T键打开【不透明度】，将【不透明度】更改为0%，单击【不透明度】左侧的码表 🕐，在当前位置添加关键帧。

图7.96 复制并粘贴效果

步骤04 将时间调整到00:00:02:10帧的位置，将【不透明度】更改为100%，系统将自动添加关键帧，制作不透明度动画，如图7.97所示。

图7.97 制作不透明度动画

7.3.6 为宣传片制作光效

步骤01 执行菜单栏中的【图层】|【新建】|【纯色】命令，在弹出的对话框中将【名称】更改为顶部发光，【颜色】更改为黑色，完成之后单击【确定】按钮。

步骤02 在时间轴面板中，选中【顶部发光】图层，将其图层模式更改为屏幕，如图7.98所示。

图7.98 设置图层模式

步骤03 在时间轴面板中，将时间调整到00:00:00:00帧的位置，选中【顶部发光】图层，

在【效果和预设】面板中展开【生成】特效组，然后双击【镜头光晕】特效。

步骤04 在【效果控件】面板中，修改【镜头光晕】特效的参数，设置【光晕中心】为（0，0），单击【光晕中心】左侧的码表 🕐，在当前位置添加关键帧，【镜头类型】为105毫米定焦，如图7.99所示。

步骤05 在时间轴面板中，将时间调整到00:00:04:24帧的位置，将【光晕中心】更改为（720，0），系统将自动添加关键帧，如图7.100所示。

图7.100 更改光晕中心

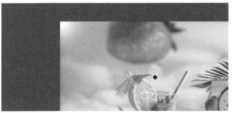

图7.99 设置镜头光晕

7.3.7 对光效进行调色操作

步骤01 在时间轴面板中，选中【顶部发光】图层，在【效果和预设】面板中展开【颜色校正】特效组，然后双击【曲线】特效。

步骤02 在【效果控件】面板中，修改【曲线】特效的参数，调整RGB通道，如图7.101所示。

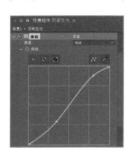

图7.101 调整RGB通道

步骤03 选择【通道】为红色，调整曲线，如图7.102所示。

图7.102 调整红色通道

步骤04 选择【通道】为绿色，调整曲线，如图7.103所示。

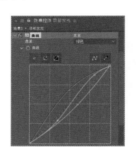

图7.103 调整绿色通道

步骤05 选择【通道】为蓝色，调整曲线，如图7.104所示。

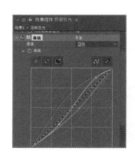

图7.104 调整蓝色通道

7.3.8 完成整体动画制作

步骤01 执行菜单栏中的【合成】|【新建合成】命令，打开【合成设置】对话框，设置【合成名称】为"整体动画"，【宽度】为"720"，【高度】为"405"，【帧速率】为"25"，并设置【持续时间】为00:00:12:00秒，【背景颜色】为黑色，完成之后单击【确定】按钮，如图7.105所示。

步骤02 在【项目】面板中，选中【场景】【场景2】及【场景3】合成，将其拖至时间轴面板中，并从下至上依次排列图层顺序。

步骤03 将时间调整到00:00:05:00帧的位置，选中【场景2】合成，按[键设置图层动画入点，将时间调整到00:00:07:00帧的位置，选中【场景3】合成，按[键设置图层动画入点，如图7.106所示。

图7.106 添加素材图像并设置图层入点

步骤04 这样就完成了最终整体效果制作，按小键盘上的0键即可在合成窗口中预览动画。

图7.105 新建合成

7.4 儿童节主题宣传片设计

• **实例解析**

本例主要讲解儿童节主题宣传片设计。本例的设计以条纹波浪背景作为衬托，同时添加快乐轻松的装饰元素完成主题宣传片设计，最终效果如图7.107所示。

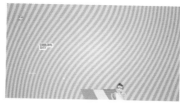

图7.107 动画流程画面

图7.107 动画流程画面（续）

● 知识点

【百叶窗】【旋转扭曲】【不透明度】【摆动】【蒙版路径】【缩放】

● 操作步骤

7.4.1 打造波浪背景

步骤01 执行菜单栏中的【合成】|【新建合成】命令，打开【合成设置】对话框，设置【合成名称】为"波浪背景"，【宽度】为"1920"，【高度】为"1080"，【帧速率】为"25"，并设置【持续时间】为00:00:10:00秒，【背景颜色】为黑色，完成之后单击【确定】按钮，如图7.108所示。

图7.108 新建合成

步骤02 打开【导入文件】对话框，选择"工程文件\第7章\儿童节主题宣传片设计\人物.png、标志.png"素材，如图7.109所示。

图7.109 导入素材

步骤03 执行菜单栏中的【图层】|【新建】|【纯色】命令，在弹出的对话框中将【名称】更改为波浪，【颜色】更改为白色，完成之后单击【确定】按钮。

步骤04 选中【波浪】图层，在【效果和预设】面板中展开【过渡】特效组，然后双击【百叶窗】特效。

步骤05 在【效果控件】面板中，修改【百叶窗】特效的参数，设置【过渡完成】为50%，【方向】为（0，0），【宽度】为30，如图7.110所示。

图7.110 设置百叶窗

步骤06 在【效果和预设】面板中展开【扭曲】特效组，然后双击【旋转扭曲】特效。

步骤07 将时间调整到00:00:00:00帧的位置，在【效果控件】面板中，修改【旋转扭曲】特效的参数，设置【角度】为（0，45），单击其左侧的码表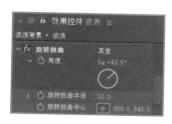，设置【旋转扭曲半径】为50，如图7.111所示。

图7.111 设置旋转扭曲

步骤08 将时间调整到00:00:05:00帧的位置，将【角度】数值更改为（0，90），将时间调整到00:00:09:24帧的位置，将【角度】数值更改为（0，-45），系统将自动添加关键帧，如图7.112所示。

步骤09 选中当前图层的【角度】关键帧，执行菜单栏中的【动画】|【关键帧辅助】|【缓动】命令，为动画添加缓动效果。

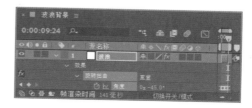

图7.112 更改数值

7.4.2 设计欢乐场景

步骤01 执行菜单栏中的【合成】|【新建合成】命令，打开【合成设置】对话框，设置【合成名称】为"欢乐场景"，【宽度】为"720"，【高度】为"405"，【帧速率】为"25"，并设置【持续时间】为00:00:10:00秒，【背景颜色】为黑色，完成之后单击【确定】按钮，如图7.113所示。

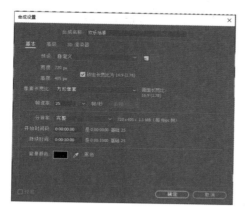

图7.113 新建合成

步骤02 执行菜单栏中的【图层】|【新建】|【纯色】命令，在弹出的对话框中将【名称】更改为渐变背景，【颜色】更改为黑色，完成之后单击【确定】按钮。

步骤03 在时间轴面板中，选中【渐变背景】图层，在【效果和预设】面板中展开【生成】特效组，然

后双击【梯度渐变】特效。

步骤04 在【效果控件】面板中，修改【梯度渐变】特效的参数，设置【渐变起点】为（360，200），【起始颜色】为蓝色（R:151，G:212，B:255），【渐变终点】为（720，405），【结束颜色】为蓝色（R:44，G:160，B:242），【渐变形状】为径向渐变，如图7.114所示。

图7.114 添加梯度渐变

步骤05 在【项目】面板中，选中【波浪背景】合成及【标志.png】素材，将其拖至时间轴面板中，将

【波浪背景】合成图层模式更改为柔光，在图像中将其等比例缩小，如图7.115所示。

图7.115 添加素材图像

步骤06 在时间轴面板中，选中【标志.png】图层，

将时间调整到00:00:00:00帧的位置，按S键打开【缩放】，单击【缩放】左侧的码表 🕐，在当前位置添加关键帧，将数值更改为（0，0）。

步骤07 将时间调整到00:00:00:10帧的位置，将【缩放】更改为（50，50），系统将自动添加关键帧，如图7.116所示。

图7.116 制作缩放动画

7.4.3 制作彩虹生成动画

步骤01 执行菜单栏中的【合成】|【新建合成】命令，打开【合成设置】对话框，设置【合成名称】为"彩虹生成"，【宽度】为"720"，【高度】为"405"，【帧速率】为"25"，并设置【持续时间】为00:00:10:00秒，【背景颜色】为黑色，完成之后单击【确定】按钮，如图7.117所示。

图7.117 新建合成

步骤02 选中工具箱中的【椭圆工具】 ⬭，按住Shift+Ctrl组合键绘制一个正圆，设置【填充】为无，【描边】为绿色（R:111，G:193，B:136），【描边宽度】为50，将生成一个【形状

图层1】图层，如图7.118所示。

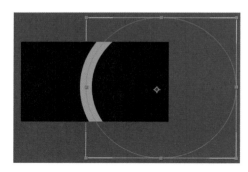

图7.118 绘制正圆

步骤03 在时间轴面板中，选中【形状图层1】图层，按Ctrl+D组合键复制【形状图层2】及【形状图层3】两个新图层。

步骤04 选中【形状图层2】图层，将其【描边】更改为黄色（R:253，G:246，B:66），选中【形状图层3】图层，将其【描边】更改为紫色（R:246，G:89，B:174），在图像中分别将这两个图形等比例缩小，如图7.119所示。

图7.119 缩小图形

步骤05 在时间轴面板中，同时选中所有图层，按Ctrl+D组合键复制【形状图层4】【形状图层5】【形状图层6】3个新图层。

步骤06 分别选中【形状图层4】【形状图层5】【形状图层6】图层，在画布中将其移至左下角位置并等比例缩小，如图7.120所示。

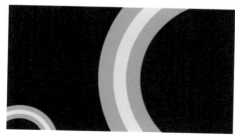

图7.120 缩小图形

步骤07 在时间轴面板中，同时选中【形状图层4】【形状图层5】【形状图层6】图层，右击，在弹出的快捷菜单中选择【预合成】命令，在弹出的对话框中将【新合成名称】更改为小彩虹，完成之后单击【确定】按钮。

步骤08 以同样的方法同时选中【形状图层1】【形状图层2】【形状图层3】图层，右击，在弹出的快捷菜单中选择【预合成】命令，在弹出的对话框中将【新合成名称】更改为大彩虹，完成之后单击【确定】按钮，如图7.121所示。

步骤09 选中工具箱中的【矩形工具】，选中【大彩虹】合成，绘制一个蒙版路径，如图7.122所示。

图7.121 添加预合成

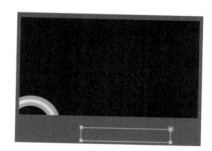

图7.122 绘制蒙版

步骤10 将时间调整到00:00:00:00帧的位置，展开【蒙版】|【蒙版1】，单击【蒙版路径】左侧的码表，在当前位置添加关键帧，如图7.123所示。

图7.123 添加关键帧

步骤11 将时间调整到00:00:00:20帧的位置，调整蒙版路径，系统将自动添加关键帧，如图7.124所示。

步骤12 在时间轴面板中，选中【小彩虹】图层，绘制一个蒙版路径，如图7.125所示。

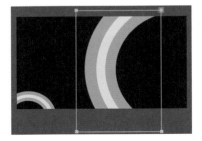

图7.124 调整蒙版路径

图7.125 绘制蒙版

步骤13 将时间调整到00:00:00:20帧的位置，展开【蒙版】|【蒙版1】，单击【蒙版路径】左侧的码表  ，在当前位置添加关键帧。

步骤14 再将时间调整到00:00:01:05帧的位置，调整蒙版路径，系统将自动添加关键帧，制作出同样的动画效果，如图7.126所示。

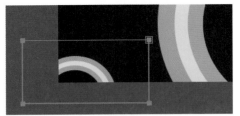

图7.126 制作小彩虹动画

7.4.4 添加装饰元素

步骤01 在【项目】面板中，选中【彩虹生成】合成，将其拖至【欢乐场景】时间轴面板中，如图7.127所示。

图7.127 添加素材图像

步骤02 选中工具箱中的【椭圆工具】 ，按住 Shift+Ctrl组合键绘制一个正圆，设置【填充】为蓝色（R:114，G:220，B:255），【描边】为无，将生成一个【形状图层1】图层，如图7.128所示。

图7.128 绘制正圆

步骤03 在时间轴面板中，选中【形状图层1】图层，按Ctrl+D组合键复制【形状图层2】及【形状图层3】两个新图层，如图7.129所示。

图7.129 复制图层

步骤04 在时间轴面板中，选中【形状图层1】图层，将时间调整到00:00:00:20帧的位置，按S键打开【缩放】，单击【缩放】左侧的码表，在当前位置添加关键帧，将数值更改为（0，0），如图7.130所示。

图7.130 添加关键帧

步骤05 将时间调整到00:00:01:05帧的位置，将数值更改为（100，100），将时间调整到00:00:01:10帧的位置，将数值更改为（80，80），将时间调整到00:00:01:20帧的位置，将数值更改为（110，110），系统将自动添加关键帧，制作出缩放动画，如图7.131所示。

图7.131 制作缩放动画

● 提 示

　　为了方便观察动画制作效果，在为【形状图层1】图层制作动画时，可先将【形状图层2】及【形状图层3】图层暂时隐藏。

步骤06 在时间轴面板中，选中【形状图层3】层，按T键打开【不透明度】，将【不透明度】更改为30%，选中【形状图层2】层，按T键打开【不透明度】，将【不透明度】更改为50%，如图7.132所示。

图7.132 更改不透明度

步骤07 以刚才为【形状图层1】图层制作缩放动画

的步骤，分别为【形状图层2】及【形状图层3】图层制作缩放动画。

步骤08 选中【形状图层1】【形状图层2】及【形状图层3】图层的关键帧，执行菜单栏中的【动画】|【关键帧辅助】|【缓动】命令，为动画添加缓动效果，如图7.133所示。

图7.133 添加缓动效果

● 提 示

　　在为【形状图层2】及【形状图层3】图层中的图形制作动画时，需要注意关键帧起始点同样是从00:00:00:20帧的位置开始的。

步骤09 在【项目】面板中，选中【人物.png】素材，将其拖至时间轴面板中，如图7.134所示。

图7.134 添加素材图像

步骤10 选择工具箱中的【向后平移锚点工具】，在图像中将中心点移至图像底部中间位置，如图7.135所示。

图7.135 更改图像定位点

步骤11 在时间轴面板中，选中【人物.png】图层，将时间调整到00:00:00:00帧的位置，按S键打开【缩放】，单击【缩放】左侧的码表，在当前位置添加关键帧，将数值更改为（0，0）。

步骤12 将时间调整到00:00:00:20帧的位置，将【缩放】更改为（130，130），将时间调整到00:00:01:05帧的位置，将【缩放】更改为（80，80），将时间调整到00:00:01:15帧的位置，将【缩放】更改为（100，100），系统将自动添加关键帧，制作出缩放动画效果，如图7.136所示。

图7.136 制作缩放动画

7.4.5 打造文字动画

步骤01 选择工具箱中的【横排文字工具】，在图像中添加文字（Lobster 1.4），如图7.137所示。

图7.137 添加文字

步骤02 在时间轴面板中，在【上方文字】图层名称上右击，在弹出的菜单中选择【图层样式】|【描边】，将【颜色】更改为白色，如图7.138所示。

图7.138 添加描边

步骤03 在时间轴面板中，选中【上方文字】图层，在【效果和预设】面板中展开【透视】特效组，然后双击【投影】特效。

步骤04 在【效果控件】面板中，修改【投影】特效的参数，设置【不透明度】为80%，【距离】为2，【柔和度】为2，如图7.139所示。

图7.139 添加投影效果

步骤05 在时间轴面板中，选中【文字】图层，将时间调整到00:00:00:00帧的位置，按S键打开【缩放】，单击【缩放】左侧的码表，在当前位置添加关键帧，将数值更改为（0，0）。

步骤06 将时间调整到00:00:00:20帧的位置，将【缩放】更改为（100，100），系统将自动添加关键帧，如图7.140所示。

图7.140 制作缩放动画

7.4.6 对文字动画进行微调

步骤01 在时间轴面板中，展开文字层，单击文本右侧的【动画:】按钮，在弹出的选项中选择【位置】，再单击【动画制作工具1】右侧的【添加:】按钮，在弹出的选项中选择【属性】|【旋转】，如图7.141所示。

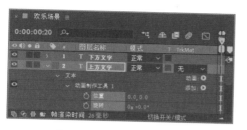

图7.141 添加文字动画效果

步骤02 单击【动画制作工具1】右侧的【添加:】按钮，在弹出的选项中选择【选择器】|【摆动】，如图7.142所示。

图7.142 添加摆动效果

步骤03 将时间调整到00:00:00:20帧的位置，分别单击【位置】及【旋转】左侧的码表，在当前位置添加关键帧，将时间调整到00:00:02:00位置，将【位置】更改为（0，5），【旋转】更改为（0，5），将时间调整到00:00:09:24帧的位置，将【位置】更改为（0，10），【旋转】更改为

（0，10），系统将自动添加关键帧，制作出摆动效果，如图7.143所示。

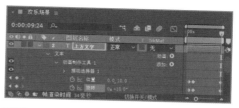

图7.143 更改数值制作摆动效果

步骤04 在时间轴面板中，选中【下方文字】图层，将时间调整到00:00:00:00帧的位置，按S键打开【缩放】，单击【缩放】左侧的码表，在当前位置添加关键帧，将数值更改为（0，0）。

步骤05 将时间调整到00:00:00:20帧的位置，将【缩放】更改为（100，100），系统将自动添加关键帧，如图7.144所示。

图7.144 制作缩放动画

7.4.7 制作绿植动画

步骤01 执行菜单栏中的【合成】|【新建合成】命令，打开【合成设置】对话框，设置【合成名称】为"绿植动画"，【宽度】为"720"，【高度】为"405"，【帧速率】为"25"，并设置【持续时间】为00:00:10:00秒，【背景颜色】为黑色，完成之后单击【确定】按钮，如图7.145所示。

步骤02 选中工具箱中的【钢笔工具】，在画布右

下角位置绘制一个叶子图形，将生成一个【形状图层1】图层，如图7.146所示。

步骤03 在时间轴面板中，选中【形状图层1】图层，按Ctrl+D组合键复制【形状图层2】及【形状图层3】两个新图层。

图7.145 新建合成

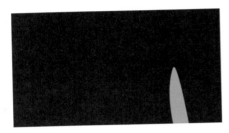

图7.146 绘制图形

步骤04 分别选中【形状图层2】及【形状图层3】两个新图层，在画布中分别将其等比例缩小并适当移动其位置，如图7.147所示。

图7.147 缩小图形

步骤05 在时间轴面板中，同时选中所有图层，右击，在弹出的快捷菜单中选择【预合成】命令，在弹出的对话框中将【新合成名称】更改为大绿植，完成之后单击【确定】按钮，如图7.148所示。

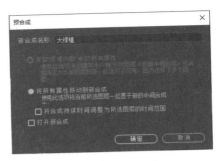

图7.148 添加预合成

步骤06 在时间轴面板中，选中【大绿植】图层，按Ctrl+D组合键复制一个图层，并将其更改为【小绿植】图层，如图7.149所示。

图7.149 复制图层

步骤07 在时间轴面板中，在【小绿植】图层名称上右击，在弹出的菜单中选择【变换】|【水平翻转】命令，再将其向左侧移动并等比例缩小，如图7.150所示。

图7.150 变换图像

步骤08 选中工具箱中的【矩形工具】，选中【大绿植】合成，绘制一个蒙版路径，如图7.151所示。

图7.151 绘制蒙版

步骤09 将时间调整到00:00:00:00帧的位置，展开【蒙版】|【蒙版1】，单击【蒙版路径】左侧的码表，在当前位置添加关键帧，如图7.152所示。

图7.152 添加关键帧

步骤10 将时间调整到00:00:00:20帧的位置，调整蒙版路径，系统将自动添加关键帧，如图7.153所示。

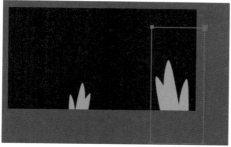

图7.153 调整蒙版路径

步骤11 在时间轴面板中，选中【小绿植】图层，绘制一个蒙版路径，如图7.154所示。

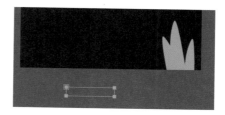

图7.154 绘制蒙版

步骤12 将时间调整到00:00:00:20帧的位置，展开【蒙版】|【蒙版1】，单击【蒙版路径】左侧的码表，在当前位置添加关键帧。

步骤13 再将时间调整到00:00:01:05帧的位置，调整蒙版路径，系统将自动添加关键帧，制作出同样的动画效果，如图7.155所示。

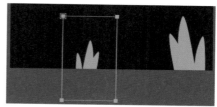

图7.155 制作小彩虹动画

7.4.8 完成整体宣传片设计

步骤01 在【项目】面板中，选中【绿植动画】合成，将其拖至【欢乐场景】时间轴面板中，如图7.156所示。

图7.156 添加合成图像

步骤02 选中工具箱中的【椭圆工具】，按住Shift+Ctrl组合键绘制一个正圆，设置【填充】为黄色（R:253，G:246，B:66），【描边】为无，将生成一个【形状图层4】图层，如图7.157所示。

图7.157 绘制星形

步骤03 在时间轴面板中，选中【形状图层 4】图层，将时间调整到00:00:00:00帧的位置，按S键打开【缩放】，单击【缩放】左侧的码表■，在当前位置添加关键帧，将数值更改为（0，0）。

步骤04 将时间调整到00:00:00:20帧的位置，将【缩放】更改为（100，100），系统将自动添加关键帧，如图7.158所示。

步骤05 在时间轴面板中，选中【形状图层 4】图层，按Ctrl+D组合键复制两个新图层，分别选中复制生成的两个新图层，在图像中调整其位置并适当旋转后更改其颜色，如图7.159所示。

图7.159 更改形状属性

步骤06 这样就完成了最终整体效果制作，按小键盘上的0键即可在合成窗口中预览动画。

图7.158 制作缩放动画

7.5 新车发布动画设计

● 实例解析

　　本例主要讲解新车发布动画设计。本例的动画制作比较简单，主要由两部分视频素材组成，通过对视频素材进行调色操作完成整体效果制作，最终效果如图7.160所示。

图7.160 动画流程画面

● 知识点

　　【曲线】【镜头光晕】【三色调】【梯度渐变】【投影】

• 操作步骤

7.5.1　打造场景动画

步骤01 执行菜单栏中的【合成】|【新建合成】命令，打开【合成设置】对话框，设置【合成名称】为"场景"，【宽度】为"720"，【高度】为"405"，【帧速率】为"25"，并设置【持续时间】为00:00:10:00秒，【背景颜色】为黑色，完成之后单击【确定】按钮，如图7.161所示。

图7.161　新建合成

步骤02 打开【导入文件】对话框，选择"工程文件\第7章\新车发布动画设计\logo.png、品牌.png、汽车.avi、汽车2.avi、炫光.png、炫光2.png"素材，如图7.162所示。

图7.162　导入素材

步骤03 在【项目】面板中，选中【汽车.avi】及【炫光.png】素材，将其拖至时间轴面板中。

步骤04 在时间轴面板中，选中【炫光.png】图层，将其图层模式更改为屏幕，在图像中将炫光移至车灯位置，如图7.163所示。

步骤05 在时间轴面板中，选中【炫光.png】图层，在【效果和预设】面板中展开【颜色校正】特效组，然后双击【曲线】特效。

图7.163　更改图层模式

步骤06 在【效果控件】面板中，修改【曲线】特效的参数，调整曲线增强图像中不同颜色的对比度，如图7.164所示。

图7.164　调整曲线

步骤07 在时间轴面板中，选中【炫光.png】图层，将时间调整到00:00:00:00帧的位置，按S键打开【缩放】，单击【缩放】左侧的码表，在当前位置添加关键帧，将数值更改为（0，0），如图7.165所示。

图7.165 添加关键帧

步骤08 将时间调整到00:00:01:00帧的位置，将【缩放】更改为（30，30），将时间调整到00:00:02:00帧的位置，将【缩放】更改为（0，0），将时间调整到00:00:03:00帧的位置，将【缩放】更改为（40，40），将时间调整到00:00:04:15帧的位置，将【缩放】更改为（55，55），系统将自动添加关键帧，如图7.166所示。

图7.166 添加关键帧

步骤09 在时间轴面板中，将时间调整到00:00:00:00帧的位置，选中【炫光.png】图层，按P键打开【位置】，单击【位置】左侧的码表，在当前位置添加关键帧。

步骤10 将时间调整到00:00:01:00帧的位置，在图像中将炫光图像中心点移至汽车车灯位置，系统将自动添加关键帧，制作位置动画，如图7.167所示。

步骤11 以同样的方法分别在00:00:02:00帧、00:00:03:00帧及00:00:04:15帧位置移动炫光图像，制作出位置动画，如图7.168所示。

图7.167 移动图像添加关键帧

图7.168 制作位置动画

7.5.2 添加光效元素

步骤01 执行菜单栏中的【图层】|【新建】|【纯色】命令，在弹出的对话框中将【名称】更改为顶部射灯，【颜色】更改为黑色，完成之后单击【确定】按钮。

步骤02 在时间轴面板中，选中【顶部射灯】图层，将其图层模式更改为屏幕，如图7.169所示。

图7.169 设置图层模式

步骤03 在时间轴面板中，选中【顶部射灯】图层，在【效果和预设】面板中展开【生成】特效组，然后双击【镜头光晕】特效。

步骤04 在【效果控件】面板中，修改【镜头光晕】特效的参数，设置【光晕中心】为（720，0），【镜头类型】为105毫米定焦，如图7.170所示。

步骤05 在【效果和预设】面板中展开【颜色校正】特效组，然后双击【曲线】特效。

步骤06 在【效果控件】面板中，选择【通道】为蓝色，调整曲线，增强射灯中的蓝色效果，如图7.171所示。

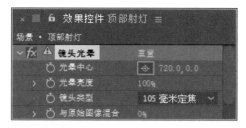

图7.170 设置镜头光晕

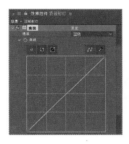

图7.171 调整蓝色通道曲线

步骤07 在时间轴面板中，选中【顶部射灯】图层，将时间调整到00:00:00:00帧的位置，将【光晕中心】更改为（720，0），【光晕亮度】更改为0，分别单击【光晕中心】及【光晕亮度】左侧的码表，在当前位置添加关键帧，如图7.172所示。

图7.172 添加关键帧

步骤08 将时间调整到00:00:04:15帧的位置，将【光晕中心】更改为（280，0），【光晕亮度】更改为100%，系统将自动添加关键帧，如图7.173所示。

图7.173 更改光晕中心及光晕亮度

步骤09 在时间轴面板中，新建一个【调整图层1】图层，在【效果和预设】面板中展开【颜色校正】特效组，然后双击【曲线】特效。

步骤10 在【效果控件】面板中，修改【曲线】特效的参数，调整曲线增强图像的对比度，如图7.174所示。

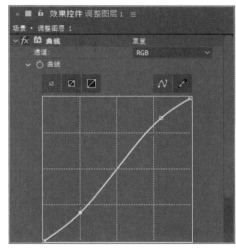

图7.174 调整曲线

7.5.3 制作场景2动画

步骤01 执行菜单栏中的【合成】|【新建合成】命令，打开【合成设置】对话框，设置【合成名称】为"场景2"，【宽度】为"720"，【高度】为"405"，【帧速率】为"25"，并设置【持续时间】为00:00:10:00秒，【背景颜色】为黑色，完成之后单击【确定】按钮，如图7.175所示。

图7.175 新建合成

步骤02 在【项目】面板中，选中【汽车2.avi】素材，将其拖至时间轴面板中。

步骤03 在时间轴面板中，选中【汽车2.avi】图层，在【效果和预设】面板中展开【颜色校正】特效组，然后双击【曲线】特效。

步骤04 在【效果控件】面板中，修改【曲线】特效的参数，调整曲线增强图像的对比度，如图7.176所示。

步骤05 在【效果和预设】面板中展开【颜色校正】特效组，然后双击【三色调】特效。

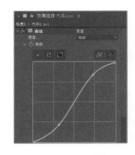

图7.176 调整曲线

步骤06 在【效果控件】面板中，修改【三色调】特效的参数，设置【高光】为浅蓝色（R:194，G:225，B:227），【中间调】为蓝色（R:134，G:181，B:184），【与原始图像混合】更改为70，如图7.177所示。

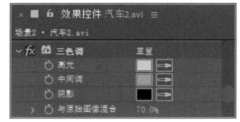

图7.177 设置三色调

7.5.4 为场景2动画添加光效

步骤01 在【项目】面板中，选中【炫光2.png】素材，将其拖至时间轴面板中。

步骤02 在时间轴面板中，选中【炫光2.png】图层，将其图层模式更改为屏幕，在图像中将炫光移至车灯位置，如图7.178所示。

步骤03 以刚才同样的方法在汽车合成中为炫光调色，在时间轴面板中，选中【炫光2.png】图层，在【效果和预设】面板中展开【颜色校正】特效组，然后双击【曲线】特效。

图7.178 更改图层模式

步骤04 在【效果控件】面板中，修改【曲线】特效的参数，调整曲线增强图像中不同颜色的对比度，如图7.179所示。

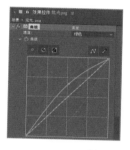 

图7.179 调整曲线

● 技 巧

在为【炫光2.png】图层中的炫光进行调色时，可以打开【场景】合成，选中【炫光.png】图层，在【效果控件】面板中，选中【曲线】效果，按Ctrl+C组合键将其复制，再回到【场景2】合成中，选中【炫光2.png】图层，在【效果控件】面板中，按Ctrl+V组合键将其粘贴。

● 提 示

在复制效果控件时，当效果控件有多个时，只能复制所选中的效果。

步骤05 在时间轴面板中，将时间调整到00:00:00:00帧的位置，选中【炫光2.png】图层，按P键打开【位置】，单击【位置】左侧的码表，在当前位置添加关键帧，将炫光图像移至车灯位

置，如图7.180所示。

图7.180 更改图像位置

步骤06 将时间调整到00:00:00:15帧的位置，在图像中将炫光图像中心点移至汽车车灯位置，系统将自动添加关键帧，制作位置动画，如图7.181所示。

图7.181 移动图像添加关键帧

步骤07 以同样的方法分别在00:00:02:00帧及00:00:03:00帧位置移动炫光图像，制作出位置动画，如图7.182所示。

● 提 示

由于在00:00:03:00帧位置已经无法完整看到炫光图像，因此在移动图像的过程中只能按照大致的汽车运动路径进行移动。

图7.182 制作位置动画

7.5.5 为场景增加氛围光效

步骤01 执行菜单栏中的【图层】|【新建】|【纯色】命令，在弹出的对话框中将【名称】更改为车灯，【颜色】更改为黑色，完成之后单击【确定】按钮。

步骤02 在时间轴面板中，选中【车灯】图层，将其图层模式更改为屏幕，如图7.183所示。

图7.183 更改图层模式

步骤03 在时间轴面板中，选中【车灯】图层，在【效果和预设】面板中展开【生成】特效组，然后双击【镜头光晕】特效。

步骤04 在【效果控件】面板中，修改【镜头光晕】特效的参数，设置【光晕中心】为（518，110），单击【光晕中心】左侧的码表，在当前位置添加关键帧，如图7.184所示。

图7.184 设置镜头光晕

步骤05 在时间轴面板中，选中【车灯】图层，将时间调整到00:00:01:00帧的位置，将【光晕中心】更改为（316，106），系统将自动添加关键帧，如图7.185所示。

图7.185 更改光晕中心

●技 巧

通过单击【光晕中心】定位点◆，可以直接在图像中确定光晕中心。

7.5.6 对光效氛围进一步调整

步骤01 在时间轴面板中，选中【车灯】图层，将时间调整到00:00:02:20帧的位置，将【光晕中心】更改为（−52，100），系统将自动添加关键帧。

步骤02 执行菜单栏中的【图层】|【新建】|【纯色】命令，在弹出的对话框中将【名称】更改为画面颜色，【颜色】更改为黑色，完成之后单击【确定】按钮。

步骤03 在时间轴面板中，选中【画面颜色】图层，在【效果和预设】面板中展开【生成】特效组，然后双击【梯度渐变】特效。

步骤04 在【效果控件】面板中，修改【梯度渐变】特效的参数，设置【渐变起点】为（360，0），【起始颜色】为深绿色（R:0，G:100，B:103），【渐变终点】为（360，405），【结束颜色】为黑色，【渐变形状】为径向渐变，如图7.186所示。

图7.186 添加梯度渐变

步骤05 在时间轴面板中，选中【画面颜色】图层，将其图层模式更改为屏幕，如图7.187所示。

图7.187 更改图层模式

步骤06 在【项目】面板中，选中【logo.png】素材，将其拖至时间轴面板中，如图7.188所示。

图7.188 添加素材图像

步骤07 在时间轴面板中，将时间调整到00:00:06:00帧的位置，选中【logo.png】图层，按T键打开【不透明度】，将【不透明度】更改为0%，单击【不透明度】左侧的码表，在当前位置添加关键帧。

步骤08 将时间调整到00:00:07:00帧的位置，将【不透明度】更改为80%，系统将自动添加关键帧，制作不透明度动画，如图7.189所示。

图7.189 制作不透明度动画

步骤09 执行菜单栏中的【图层】|【新建】|【纯色】命令，在弹出的对话框中将【名称】更改为结尾，【颜色】更改为黑色，完成之后单击【确定】按钮。

步骤10 在时间轴面板中，选中【画面颜色】图层，在【效果控件】面板中，选中【梯度渐变】效果，按Ctrl+C组合键将其复制，选中【结尾】图层，在【效果控件】面板中，按Ctrl+V组合键将其粘贴。

步骤11 将【渐变起点】更改为（360，200），【渐变终点】更改为（721，405），如图7.190所示。

步骤12 在时间轴面板中，将时间调整到00:00:07:10帧的位置，选中【结尾】图层，按T键打开【不透明度】，将【不透明度】更改为0%，单击【不透明度】左侧的码表，在当前位置添加关键帧。

图7.190 复制并粘贴效果

步骤13 将时间调整到00:00:08:00帧的位置，将【不透明度】更改为100%，系统将自动添加关键帧，制作不透明度动画，如图7.191所示。

图7.191 制作不透明度动画

7.5.7 添加结尾信息元素

步骤01 在【项目】面板中，选中【品牌.png】素材，将其拖至时间轴面板中，在图像中将其移至中间位置，如图7.192所示。

图7.192 添加素材图像

步骤02 选中【品牌.png】图层，在【效果和预设】面板中展开【透视】特效组，然后双击【投影】特效。

步骤03 在【效果控件】面板中，设置【方向】为180，【距离】为2，如图7.193所示。

图7.193 设置投影

步骤04 在时间轴面板中，将时间调整到00:00:07:10帧的位置，选中【品牌.png】图层，按T键打开【不透明度】，将【不透明度】更改为0%，单击【不透明度】左侧的码表，在当前位置添加关键帧。

步骤05 将时间调整到00:00:08:00帧的位置，将【不透明度】更改为100%，系统将自动添加关键帧，制作不透明度动画，如图7.194所示。

图7.194 制作不透明度动画

步骤06 选择工具箱中的【横排文字工具】，在图像中添加文字（Bahnschrift），如图7.195所示。

图7.195 添加文字

步骤07 在时间轴面板中，选中【50th】图层，将时间调整到00:00:08:10帧的位置，按S键打开【缩放】，单击【缩放】左侧的码表 ，在当前位置添加关键帧，将数值更改为（0，0）。

步骤08 将时间调整到00:00:09:00帧的位置，将【缩放】更改为（70，70），系统将自动添加关键帧，如图7.196所示。

图7.196 制作缩放动画

步骤09 选中工具箱中的【矩形工具】■，选中【底部英文】图层，绘制一个蒙版路径，如图7.197所示。

图7.197 绘制蒙版路径

步骤10 将时间调整到00:00:08:10帧的位置，展开【蒙版】|【蒙版1】，单击【蒙版路径】左侧的码表 ■，在当前位置添加关键帧。

步骤11 将时间调整到00:00:09:00帧的位置，调整蒙版路径，系统将自动添加关键帧，如图7.198所示。

图7.198 调整蒙版路径

步骤12 按F键打开【蒙版羽化】，将其数值更改为（20，20），如图7.199所示。

图7.199 添加羽化效果

● 提 示

为了方便观察蒙版羽化效果，可将关键帧调至00:00:08:15帧位置。

7.5.8　设计出总合成动画

步骤01 执行菜单栏中的【合成】|【新建合成】命令，打开【合成设置】对话框，设置【合成名称】为"总合成"，【宽度】为"720"，【高度】为"405"，【帧速率】为"25"，并设置【持续时间】为00:00:15:00秒，【背景颜色】为黑色，完成之后单击【确定】按钮，如图7.200所示。

步骤02 在【项目】面板中，同时选中【场景】及【场景2】合成，将其拖至时间轴面板中，将【场景2】合成图层移至【场景】合成图层上方。

图7.200 新建合成

步骤03 在时间轴面板中，将时间调整到00:00:05:00帧的位置，选中【场景2】图层，按[键设置合成动画入点，如图7.201所示。

图7.201 设置动画入点

步骤04 这样就完成了最终整体效果制作，按小键盘上的0键即可在合成窗口中预览动画。

第**8**章
Chapter

视频路径
movie /8.1 果饮新品上市动画设计.avi
movie /8.2 花卉展览主题动画设计.avi
movie /8.3 旅游主题包装设计.avi
movie /8.4 领奖台主题包装设计.avi

商业栏目包装设计

内容摘要

本章主要讲解商业栏目包装设计。商业栏目包装设计的重点在于突出商业性，其栏目包装设计中通常以商品或者与公司文化有关的形式出现，在设计过程中尤其需要注意图形、图像以及光效的组合搭配。本章列举了果饮新品上市动画设计、花卉展览主题动画设计、旅游主题包装设计及领奖台主题包装设计，通过对本章的学习可以基本掌握商业栏目包装设计的相关知识。

教学目标

❑ 学会果饮新品上市动画设计
❑ 了解花卉展览主题动画设计
❑ 掌握旅游主题包装设计
❑ 理解领奖台主题包装设计

8.1 果饮新品上市动画设计

• 实例解析

本例主要讲解果饮新品上市动画设计。本例的设计以果饮新品上市品牌图像作为主要的视觉动画，通过添加一些装饰元素即可完成整个动画设计效果，最终效果如图8.1所示。

• 知识点

【位置动画】【不透明度动画】【弹动效果】【旋转动画】

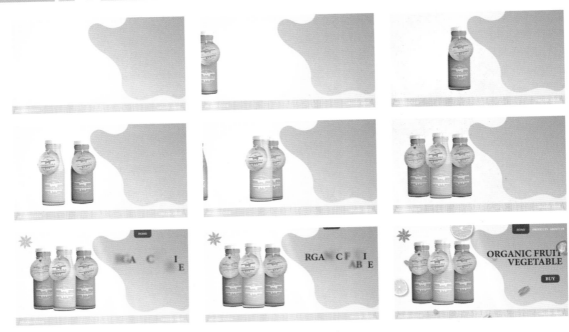

图8.1 动画流程画面

• 操作步骤

8.1.1 打造圆圈背景

步骤01 执行菜单栏中的【合成】|【新建合成】命令，打开【合成设置】对话框，设置【合成名称】为"饮品动画"，【宽度】为"720"，【高度】为"405"，【帧速率】为"25"，并设置【持续时间】为00:00:10:00秒，【背景颜色】为黑色，完成之后单击【确定】按钮，如图8.2所示。

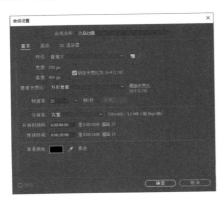

图8.2 新建合成

步骤02 打开【导入文件】对话框，选择"工程文件\第8章\果饮新品上市动画设计\饮品.psd、

水果.psd、木纹.jpg、标志.png"素材，将【水果.psd】和【饮品.psd】以【合成-保持图层大小】的方式进行导入，如图8.3所示。

图8.3 导入素材

步骤03 执行菜单栏中的【图层】|【新建】|【纯色】命令，在弹出的对话框中将【名称】更改为渐变背景，【颜色】更改为黑色，完成之后单击【确定】按钮。

步骤04 在时间轴面板中，选中【渐变背景】图层，在【效果和预设】面板中展开【生成】特效组，然后双击【梯度渐变】特效。

步骤05 在【效果控件】面板中，修改【梯度渐变】特效的参数，设置【渐变起点】为（220，200），【起始颜色】为白色，【渐变终点】为（720，405），【结束颜色】为黄色（R:255，G:236，B:198），【渐变形状】为径向渐变，如图8.4所示。

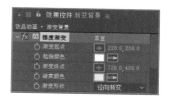

图8.4 添加梯度渐变

步骤06 选中工具箱中的【钢笔工具】，在图像中绘制一个不规则图形，将生成一个【形状图层 1】图层，如图8.5所示。

图8.5 绘制图形

步骤07 在时间轴面板中，选中【形状图层1】图层，在【效果和预设】面板中展开【生成】特效组，然后双击【梯度渐变】特效。

步骤08 在【效果控件】面板中，修改【梯度渐变】特效的参数，设置【渐变起点】为（718，0），【起始颜色】为橙色（R:231，G:156，B:49），【渐变终点】为（456，300），【结束颜色】为黄色（R:253，G:229，B:118），【渐变形状】为线性渐变，如图8.6所示。

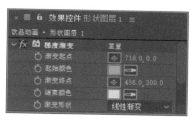

图8.6 添加梯度渐变

8.1.2 添加素材图像

步骤01 在【项目】面板中，选中【木纹.jpg】【饮品 个图层】素材，将其拖至时间轴面板中，并放在适当位置，如图8.7所示。

图8.7 添加素材图像

步骤02 在时间轴面板中，选中【饮品3 / 饮品.psd】图层，将时间调整到00:00:00:00帧的位置，按P键打开【位置】，单击【位置】左侧的码

表，在当前位置添加关键帧。

步骤03 在画布中将图像移至左侧区域，如图8.8所示。

图8.8 添加关键帧

步骤04 将时间调整到00:00:00:20帧的位置，在图像中向右侧平移其位置，系统将自动添加关键帧，制作位置动画，如图8.9所示。

图8.9 制作位置动画

步骤05 将时间调整到00:00:01:00帧的位置，在图像中向左侧稍微平移其位置，系统将自动添加关键帧，制作出回弹效果动画，如图8.10所示。

图8.10 制作回弹效果动画

步骤06 以同样的方法分别选中其他两个饮品图像所在图层，分别为其制作位置动画效果，如图8.11所示。

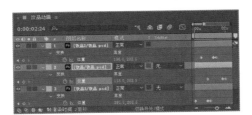

图8.11 制作位置动画

步骤07 选中所有3个饮品相关图层关键帧，执行菜

单栏中的【动画】|【关键帧辅助】|【缓动】命令，为动画添加缓动效果，如图8.12所示。

图8.12 添加缓动效果

步骤08 执行菜单栏中的【图层】|【新建】|【纯色】命令，在弹出的对话框中将【名称】更改为高光，【颜色】更改为白色，完成之后单击【确定】按钮。

步骤09 在时间轴面板中，选中【高光】图层，选中工具箱中的【钢笔工具】 ，绘制一个蒙版路径，如图8.13所示。

图8.13 绘制蒙版

步骤10 按F键打开【蒙版羽化】，将其数值更改为（20，20），如图8.14所示。

图8.14 添加羽化效果

步骤11 在时间轴面板中，选中【高光】图层，将其图层模式更改为叠加，按T键打开【不透明度】，将【不透明度】更改为40%，如图8.15所示。

图8.15 更改不透明度

步骤12 在时间轴面板中，选中【高光】图层，将时间调整到00:00:02:00帧的位置，按P键打开【位置】，单击【位置】左侧的码表，在当前位置添加关键帧。

步骤13 在画布中将图像向左下角移动，如图8.16所示。

图8.16 添加关键帧

步骤14 将时间调整到00:00:02:20帧的位置，将高光图像向右上角拖动，系统将自动添加关键帧，制作出位置动画，如图8.17所示。

图8.17 制作出位置动画

8.1.3 添加文字隐现动画

步骤01 选择工具箱中的【横排文字工具】 T ，在图像中添加文字（Minion Pro），如图8.18所示。

ORGANIC FRUIT VEGETABLE

图8.18 添加文字

步骤02 在时间轴面板中展开文字层，单击【文本】右侧的【动画】按钮 动画: ，在弹出的快捷菜单中选择【缩放】命令，设置【缩放】的值为（200，200），单击【动画制作工具 1】右侧的【添加】按钮 添加: ，从菜单中选择【属性】|【不透明度】和【属性】|【模糊】选项，设置【不透明度】的值为0%，【模糊】的值为（50，50），如

图8.19所示。

图8.19 添加动画效果

步骤03 展开【动画制作工具 1】选项组，选择【范围选择器 1】|【高级】选项，在【单位】右侧的下拉列表中选择【索引】，【形状】右侧的下拉列表中选择【上斜坡】，设置【缓和低】的值为100，【随机排序】为【开】，如图8.20所示。

步骤04 调整时间到00:00:03:00帧的位置，展开【范围选择器 1】选项组，设置【结束】的值为10，

【偏移】的值为-10，单击【偏移】左侧的码表，在此位置设置关键帧。

图8.20 设置动画参数

步骤05 调整时间到00:00:05:00帧的位置，设置【偏移】的值为20，系统自动添加关键帧，制作出文字隐现动画，如图8.21所示。

图8.21 制作文字隐现动画

步骤06 在【项目】面板中，选中【绿蔬标志.png】素材，将其拖至时间轴面板中，并在图像中将其移至左上角位置，如图8.22所示。

图8.22 添加素材图像

步骤07 在时间轴面板中，选中【绿蔬标志.png】图层，将时间调整到00:00:03:00帧的位置，按R键打开【旋转】，单击【旋转】左侧的码表，在当前位置添加关键帧。

步骤08 将时间调整到00:00:09:24帧的位置，将【旋转】更改为（2，0），系统将自动添加关键帧，如图8.23所示。

图8.23 添加旋转效果

步骤09 在时间轴面板中，将时间调整到00:00:03:00帧的位置，选中【绿蔬标志.png】图层，按T键打开【不透明度】，将【不透明度】更改为0%，单击【不透明度】左侧的码表，在当前位置添加关键帧。

步骤10 将时间调整到00:00:04:00帧的位置，将【不透明度】更改为100%，系统将自动添加关键帧，制作不透明度动画，如图8.24所示。

图8.24 制作不透明度动画

步骤11 在【项目】面板中，选中【水果 个图层】素材，将其拖至时间轴面板中，如图8.25所示。

图8.25 添加素材图像

步骤12 在时间轴面板中，选中【水果/水果.psd】图层，将时间调整到00:00:03:00帧的位置，按S键打开【缩放】，单击【缩放】左侧的码表，在当前位置添加关键帧，将数值更改为（500，500）。

步骤13 将时间调整到00:00:05:00帧的位置，将【缩放】更改为（60，60），系统将自动添加关键帧，如图8.26所示。

图8.26 制作缩放动画

8.1.4 制作菜单标签动画

步骤01 执行菜单栏中的【合成】|【新建合成】命令，打开【合成设置】对话框，设置【合成名称】为"标签动画"，【宽度】为"100"，【高度】为"300"，【帧速率】为"25"，并设置【持续时间】为00:00:10:00秒，【背景颜色】为黑色，完成之后单击【确定】按钮，如图8.27所示。

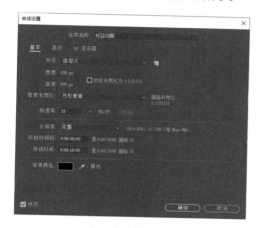

图8.27 新建合成

步骤02 选中工具箱中的【圆角矩形工具】 ，绘制一个圆角矩形，设置【填充】为灰色（R:64，G:64，B:64），【描边】为无，将生成一个【形状图层1】图层，如图8.28所示。

步骤03 选择工具箱中的【横排文字工具】 ，在图像中添加文字（Minion Pro），如图8.29所示。

图8.28 绘制图形

图8.29 添加文字

步骤04 打开【饮品动画】合成，在【项目】面板中，选中【标签动画】合成，将其拖至时间轴面板中，并在图像中将其移至右上角位置，如图8.30所示。

图8.30 添加素材图像

步骤05 在时间轴面板中，选中【标签动画】合成图层，将时间调整到00:00:03:00帧的位置，按P键打开【位置】，单击【位置】左侧的码表 ，在当前位置添加关键帧。

步骤06 在画布中将图像向上移至图像顶部画布之外的区域，如图8.31所示。

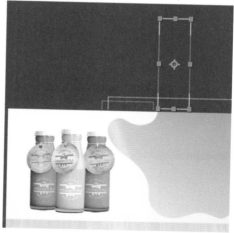

图8.31 添加关键帧

步骤07 将时间调整到00:00:03:10帧的位置，在图像中向下方移动其位置，系统将自动添加关键帧，制作位置动画，如图8.32所示。

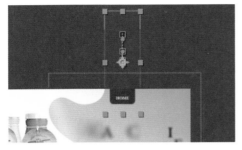

图8.32 制作位置动画

步骤08 以同样的方法分别在不同时间制作出位置动画，系统将自动添加关键帧，制作出回弹效果动画，如图8.33所示。

图8.33 制作回弹效果

● 提 示

最后一帧应当停留在00:00:05:00的位置，以确保与其他元素的位置动画效果保持一致。

步骤09 选择工具箱中的【横排文字工具】，在图像中添加文字（Minion Pro），如图8.34所示。

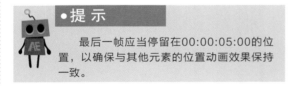

图8.34 添加文字

步骤10 在时间轴面板中，选中【产品】文字图层，将时间调整到00:00:04:00帧的位置，按P键打开【位置】，单击【位置】左侧的码表，在当前位置添加关键帧。

步骤11 在画布中将图像向上移至图像顶部画布之外的区域，如图8.35所示。

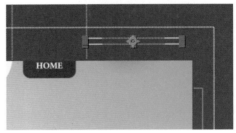

图8.35 添加关键帧

步骤12 将时间调整到00:00:05:00帧的位置，在图像中向下方移动其位置，系统将自动添加关键帧，制作位置动画，如图8.36所示。

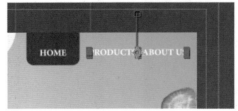

图8.36 制作位置动画

8.1.5 打造购买标签动画

步骤01 执行菜单栏中的【合成】|【新建合成】命令，打开【合成设置】对话框，设置【合成名称】为"购买标签动画"，【宽度】为"100"，【高度】为"50"，【帧速率】为"25"，并设置【持续时间】为00:00:10:00秒，【背景颜色】为黑色，完成之后单击【确定】按钮，如图8.37所示。

步骤02 选中工具箱中的【圆角矩形工具】■，绘制一个圆角矩形，设置【填充】为灰色（R:64，G:64，B:64），【描边】为无，将生成一个【形状图层1】图层，如图8.38所示。

步骤03 选择工具箱中的【横排文字工具】**T**，在图像中添加文字（Minion Pro），如图8.39所示。

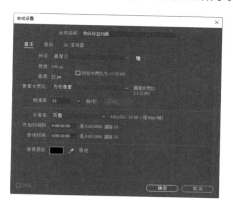

图8.37 新建合成

图8.38 绘制图形

图8.39 添加文字

步骤04 打开【饮品动画】合成，在【项目】面板中，选中【购买标签动画】合成，将其拖至时间轴面板中，如图8.40所示。

图8.40 添加素材图像

步骤05 以刚才同样的方法为购买标签制作出动画效果，如图8.41所示。

图8.41 制作标签位置动画

步骤06 选择工具箱中的【横排文字工具】**T**，在图像中添加文字（Minion Pro），如图8.42所示。

图8.42 添加文字

步骤07 这样就完成了最终整体效果制作，按小键盘上的0键即可在合成窗口中预览动画。

8.2 花卉展览主题动画设计

• 实例解析

本例主要讲解花卉展览主题动画设计。本例中的花卉效果非常漂亮，通过叠加的花朵图像制作出动画效果，整个动画制作比较简单，最终效果如图8.43所示。

图8.43 动画流程画面

● 知识点

【梯度渐变】【CC Particle World（CC 粒子世界）】【分形杂色】

● 操作步骤

8.2.1 制作背景动画

步骤01 执行菜单栏中的【合成】|【新建合成】命令，打开【合成设置】对话框，设置【合成名称】为"背景"，【宽度】为"720"，【高度】为"405"，【帧速率】为"25"，并设置【持续时间】为00:00:10:00秒，【背景颜色】为黑色，完成之后单击【确定】按钮，如图8.44所示。

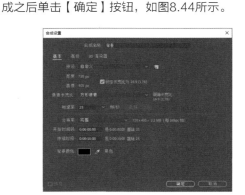

图8.44 新建合成

步骤02 打开【导入文件】对话框，选择"工程文件\第8章\花卉展览主题动画设计\文字贴图.jpg、花.png"素材。

步骤03 执行菜单栏中的【图层】|【新建】|【纯色】命令，在弹出的对话框中将【名称】更改为背景，【颜色】更改为黑色，完成之后单击【确定】按钮。

步骤04 在时间轴面板中，选中【背景】图层，在【效果和预设】面板中展开【生成】特效组，然后双击【梯度渐变】特效。

步骤05 在【效果控件】面板中，修改【梯度渐变】特效的参数，设置【渐变起点】为（360，205），【起始颜色】为绿色（R:220，G:255，B:157），【渐变终点】为（720，405），【结束颜色】为绿色（R:24，G:67，B:9），【渐变形状】为径向渐变，如图8.45所示。

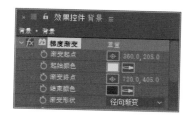

图8.48 添加素材

图8.45 添加梯度渐变

步骤06 执行菜单栏中的【图层】|【新建】|【纯色】命令，在弹出的对话框中将【名称】更改为高光，【颜色】更改为黄色（R:255，G:249，B:161），完成之后单击【确定】按钮。

步骤07 选中工具箱中的【椭圆工具】 ，选中【高光】图层，绘制一个椭圆形蒙版路径，如图8.46所示。

图8.49 复制图层

步骤11 在时间轴面板中，选中【花2】图层，按S键打开【缩放】，将其数值更改为（65，65），选中【花3】图层，按S键打开【缩放】，将其数值更改为（80，80），如图8.50所示。

图8.46 绘制蒙版路径

步骤08 按F键打开【蒙版羽化】，将其数值更改为（200，200），如图8.47所示。

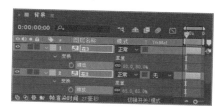

图8.50 缩小图像

步骤12 在时间轴面板中，同时选中【花.png】【花2】及【花3】图层，将时间调整到00:00:00:00帧的位置，按R键打开【旋转】，单击【旋转】左侧的码表 ，在当前位置添加关键帧。

步骤13 将时间调整到00:00:09:24帧的位置，将【花.png】图层的【旋转】数值更改为（0，90），将【花2】图层的【旋转】数值更改为（0，90），将【花3】图层的【旋转】数值更改为（0，−90），系统将自动添加关键帧，如图8.51所示。

图8.47 添加羽化效果

步骤09 在【项目】面板中，选中【花.png】素材，将其拖至时间轴面板中，如图8.48所示。

步骤10 在时间轴面板中，选中【花.png】图层，按Ctrl+D组合键复制两个新图层，分别将复制生成的图层名称更改为【花2】【花3】，如图8.49所示。

图8.51 添加旋转效果

8.2.2　完成光圈动画制作

步骤01 执行菜单栏中的【合成】|【新建合成】命令，打开【合成设置】对话框，设置【合成名称】为"光圈"，【宽度】为"100"，【高度】为"100"，【帧速率】为"25"，并设置【持续时间】为00:00:10:00秒，【背景颜色】为黑色，完成之后单击【确定】按钮，如图8.52所示。

图8.52　新建合成

步骤02 选中工具箱中的【椭圆工具】，绘制一个圆形，设置【填充】为白色，【描边】为无，将生成一个【形状图层 1】图层，如图8.53所示。

图8.53　绘制圆形

步骤03 在时间轴面板中，选中【形状图层 1】层，按T键打开【不透明度】，将【不透明度】更改为10%，如图8.54所示。

图8.54　更改不透明度

步骤04 切换到【背景】合成中，先将【光圈】合成拖到时间轴面板中，放置在最底层位置，并将其隐藏。执行菜单栏中的【图层】|【新建】|【纯色】命令，在弹出的对话框中将【名称】更改为光圈，【颜色】更改为白色，完成之后单击【确定】按钮。

步骤05 在时间轴面板中，选中【光圈】图层，在【效果和预设】面板中展开【模拟】特效组，然后双击【CC Particle World（CC 粒子世界）】特效。

步骤06 在【效果控件】面板中，修改【CC Particle World（CC 粒子世界）】特效的参数，将【Birth Rate（出生速率）】更改为0.1，【Longevity (sec)（寿命）】更改为8。

步骤07 展开【Producer（发生器）】选项组，将【Radius X（X轴半径）】更改为1.2，【Radius Y（Y轴半径）】更改为0.5，【Radius Z（Z轴半径）】更改为0.8，如图8.55所示。

图8.55　设置参数

步骤08 展开【Physics（物理学）】选项组，将【Animation（动画）】更改为Con Axis（锥体轴），【Velocity（速度）】更改为0.05，【Gravity（重力）】更改为0，【Extra（扩展）】更改为3，【Extra Angle（扩展角度）】更改为（0，90）。

步骤09 展开【Direction Axis（方向轴）】选项组，将【Axis Y（Y轴）】更改为−1。

步骤10 展开【Gravity Vector（重力矢量）】选项组，将【Gravity X（重力X）】更改为0，

【Gravity Y（重力Y）】更改为1，如图8.56所示。

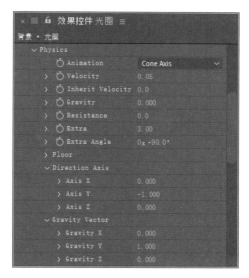

图8.56 设置Physics（物理学）及Direction
Axis（方向轴）选项

步骤11 展开【Particle（粒子）】选项组，将【Particle Type（粒子类型）】更改为Textured Disc（贴图），展开【Texture】选项，将【Texture Layer（贴图层）】更改为光圈，【Rotation Speed（旋转速度）】更改为30，【Initial Rotation（初始速度）】更改为360，【Birth Size（出生尺寸）】更改为1，【Death Size（死亡尺寸）】更改为1，【Size Variation（尺寸变化）】更改为50%，【Max Opacity（最大不透明度）】更改为100%，将【Color Map（颜色地图）】更改为Origin Constant（原始目录），如图8.57所示。

步骤12 在时间轴面板中，选中【光圈】层，将其图层模式更改为相加，再按T键打开【不透明度】，将【不透明度】更改为10%，如图8.58所示。

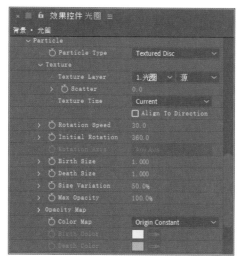

图8.57 设置Particle（粒子）选项

图8.58 更改不透明度

8.2.3 对光圈效果进行调整

步骤01 在时间轴面板中，选中【光圈】图层，在【效果和预设】面板中展开【颜色校正】特效组，然后双击【照片滤镜】特效。

步骤02 在【效果控件】面板中，修改【照片滤镜】特效的参数，设置【滤镜】为黄，如图8.59所示。

图8.59 设置照片滤镜

步骤03 在【效果和预设】面板中展开【风格化】特效组，然后双击【发光】特效。

步骤04 在【效果控件】面板中，修改【发光】特效的参数，设置【发光阈值】为60，【发光半径】为300，【发光强度】为2，如图8.60所示。

图8.60 设置发光

8.2.4 制作粒子动画

步骤01 执行菜单栏中的【合成】|【新建合成】命令，打开【合成设置】对话框，设置【合成名称】为"粒子文字"，【宽度】为"720"，【高度】为"405"，【帧速率】为"25"，并设置【持续时间】为00:00:10:00秒，【背景颜色】为黑色，完成之后单击【确定】按钮，如图8.61所示。

图8.61 新建合成

步骤02 执行菜单栏中的【图层】|【新建】|【纯色】命令，在弹出的对话框中将【名称】更改为背景，【颜色】更改为白色，完成之后单击【确定】按钮。

步骤03 在时间轴面板中，将时间调整到00:00:00:00帧的位置，选中【背景】图层，在【效果和预设】面板中展开【杂色和颗粒】特效组，然后双击【分形杂色】特效。

步骤04 在【效果控件】面板中，修改【分形杂色】特效的参数，设置【对比度】为900，【亮度】为-320，单击【亮度】左侧的码表，在当前位置添加关键帧，如图8.62所示。

图8.62 设置分形杂色

步骤05 展开【变换】选项，将【缩放】更改为15，【复杂度】更改为3，【混合模式】更改为相乘，如图8.63所示。

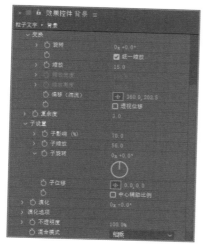

图8.63 更改变换及混合模式

步骤06 在时间轴面板中，将时间调整到00:00:01:10帧的位置，在【效果控件】面板中，将【亮度】更改为600，系统将自动添加关键帧，如图8.64所示。

图8.64 更改亮度

步骤07 在【项目】面板中，选中【文字贴图.jpg】素材，将其拖至时间轴面板中，并将其放在【背景】图层下方。

步骤08 设置【文字贴图.jpg】层的【轨道遮罩】为【1.背景】，如图8.65所示。

图8.65 设置轨道遮罩

步骤09 在时间轴面板中，同时选中【背景】及【文字贴图.jpg】图层，右击，在弹出的快捷菜单中选择【预合成】命令，在弹出的对话框中将【新合成名称】更改为文字贴图，完成之后单击【确定】按钮，如图8.66所示。

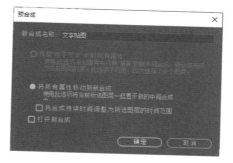

图8.66 添加预合成

步骤10 选择工具箱中的【横排文字工具】，在图像中添加文字（Bahnschrift），如图8.67所示。

图8.67 添加文字

步骤11 在时间轴面板中，选中【文字贴图】图层，设置其【轨道遮罩】为【1.GREEN NATURE】，如图8.68所示。

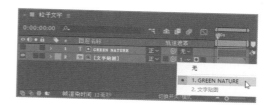

图8.68 设置轨道遮罩

8.2.5 完成总合成动画设计

步骤01 打开【背景】合成，在【项目】面板中，选中【粒子文字】合成，将其拖至时间轴面板中。

步骤02 执行菜单栏中的【图层】|【新建】|【摄像机】命令，在弹出的对话框中将【预设】更改为24毫米，取消勾选【启用景深】复选框，完成之后单击【确定】按钮，如图8.69所示。

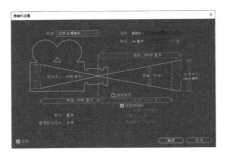

图8.69 新建摄像机

步骤03 在时间轴面板中，选中所有图层，选中图层名称右侧的，打开图层3D开关，如图8.70所示。

图8.70 打开图层3D开关

步骤04 在时间轴面板中，选中【摄像机1】图层，将时间调整到00:00:00:00帧的位置，按P键打开【位置】，单击【位置】左侧的码表，在当前位置添加关键帧。

步骤05 将时间调整到00:00:02:00帧的位置，将【位置】数值更改为（360，202.5，-480），系统将自动添加关键帧，制作位置动画，如图8.71所示。

图8.71 制作位置动画

步骤06 在时间轴面板中，选中【粒子文字】图层，将时间调整到00:00:02:00帧的位置，按[键设置当

前图层动画入点，如图8.72所示。

图8.72 设置图层动画入点

步骤07 在时间轴面板中，选中【粒子文字】图层，将时间调整到00:00:02:00帧的位置，按S键打开【缩放】，单击【缩放】左侧的码表，在当前位置添加关键帧，将时间调整到00:00:03:00帧的位置，将【缩放】更改为（80，80，80），系统将自动添加关键帧，如图8.73所示。

图8.73 更改数值

步骤08 在时间轴面板中，选中【粒子文字】图层，在【效果和预设】面板中展开【透视】特效组，然后双击【投影】特效。

步骤09 在【效果控件】面板中，修改【投影】特效的参数，设置【不透明度】为30%，【距离】为5，【柔和度】为3，如图8.74所示。

图8.74 设置投影

步骤10 这样就完成了最终整体效果制作，按小键盘上的0键即可在合成窗口中预览动画。

8.3 旅游主题包装设计

• 实例解析

　　本例主要讲解旅游主题包装设计。本例的设计以漂亮的旅游主题元素为主，将蓝天背景与旅游相关元素相结合，整个包装动画的视觉效果非常出色，最终效果如图8.75所示。

图8.75 动画流程画面

• 知识点

　　【表达式】【缩放】【径向擦除】【泡沫】

• 操作步骤

8.3.1 制作蓝天背景　　▶▶

步骤01 执行菜单栏中的【合成】|【新建合成】命令，打开【合成设置】对话框，设置【合成名称】为"背景"，【宽度】为"720"，【高度】为"405"，【帧速率】为"25"，并设置【持续时间】为00:00:10:00秒，【背景颜色】为黑色，完成之后单击【确定】按钮，如图8.76所示。

步骤02 打开【导入文件】对话框，选择"工程文件\第8章\旅游主题包装设计\小物品.psd、文字.psd"素材，将这两个素材分别以【合成-保持图层大小】的方式进行导入，如图8.77所示。

图8.76 新建合成

图8.77 导入素材

步骤03 执行菜单栏中的【图层】|【新建】|【纯色】命令，在弹出的对话框中将【名称】更改为背景，【颜色】更改为黑色，完成之后单击【确定】按钮。

步骤04 在时间轴面板中，选中【背景】图层，在【效果和预设】面板中展开【生成】特效组，然后双击【梯度渐变】特效。

步骤05 在【效果控件】面板中，修改【梯度渐变】特效的参数，设置【渐变起点】为（360，200），【起始颜色】为蓝色（R:200，G:245，B:255），【渐变终点】为（720，405），【结束颜色】为蓝色（R:0，G:165，B:226），【渐变形状】为径向渐变，如图8.78所示。

图8.78 添加梯度渐变

步骤06 执行菜单栏中的【图层】|【新建】|【纯色】命令，在弹出的对话框中将【名称】更改为高光，【颜色】更改为白色，完成之后单击【确定】按钮。

步骤07 选中工具箱中的【椭圆工具】 ，选中【高光】图层，绘制一个蒙版路径，如图8.79所示。

图8.79 绘制蒙版

步骤08 按F键打开【蒙版羽化】，将其数值更改为（200，200），如图8.80所示。

图8.80 添加羽化效果

8.3.2 打造泡泡动画

步骤01 选择【背景】图层，按Ctrl+D组合键复制出另一个图层，将该图层文字更改为【泡泡】，并将其移至所有图层上方。

步骤02 为【泡泡】层添加【泡沫】特效。在【效果和预设】面板中展开【模拟】特效组，然后双击【泡沫】特效。

步骤03 在【效果控件】面板中，修改【泡沫】特效的参数，从【视图】下拉菜单中选择【已渲染】，展开【制作者】选项组，设置【产生速率】的值为0.3。

步骤04 展开【气泡】选项组，设置【大小差异】的值为0.5，【寿命】的值为170，【气泡增长速度】的值为0.01，如图8.81所示。

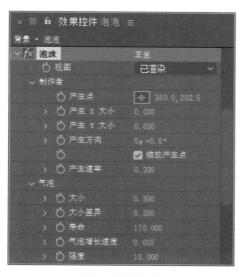

图8.81 设置气泡

步骤05 展开【物理学】选项组，设置【摇摆量】为
0.07。

步骤06 展开【正在渲染】选项组，从【气泡纹理】
下拉菜单中选择"苏打水"，【反射强度】的值为
0.5，【反射融合】的值为0.8，如图8.82所示。

步骤07 在时间轴面板中，选中【泡泡】图层，将其
图层模式更改为屏幕，如图8.83所示。

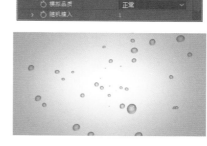

图8.82 设置物理学及正在渲染

图8.83 更改图层模式

8.3.3 添加白云效果

步骤01 执行菜单栏中的【合成】|【新建合成】命
令，打开【合成设置】对话框，设置【合成名称】
为"白云"，【宽度】为"720"，【高度】为
"405"，【帧速率】为"25"，并设置【持续时
间】为00:00:10:00秒，【背景颜色】为黑色，完
成之后单击【确定】按钮，如图8.84所示。

步骤02 选中工具箱中的【钢笔工具】，在图像中
绘制一个白云图像，如图8.85所示。

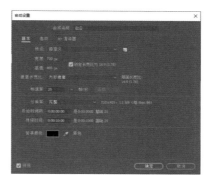

图8.84 新建合成

图8.85 绘制白云图像

步骤03 在时间轴面板中，在【形状图层1】图层名称上右击，在弹出的快捷菜单中选择【图层样式】|【斜面和浮雕】，展开【图层样式】|【斜面和浮雕】，将【大小】更改为20，【柔化】更改为10，【高亮模式】更改为正常，【加亮颜色】为黑色，【高光不透明度】为20%，【阴影模式】为正常，【阴影颜色】为黑色，【阴影不透明度】为20%，如图8.86所示。

图8.86 设置斜面和浮雕

步骤04 在时间轴面板中，将时间调整到00:00:01:00帧的位置，选中【形状图层1】图层，在【效果和预设】面板中展开【过渡】特效组，然后双击【线性擦除】特效。

步骤05 在【效果控件】面板中，修改【线性擦除】特效的参数，单击【过渡完成】左侧的码表，在当前位置添加关键帧，【起始角度】为（0，90），【擦除】为顺时针，【羽化】为50，如图8.87所示。

步骤06 在时间轴面板中，将时间调整到00:00:02:00帧的位置，将【过渡完成】更改为0%，系统将自动添加关键帧，如图8.88所示。

图8.87 设置线性擦除

图8.88 更改数值

步骤07 在时间轴面板中，选中【形状图层1】图层，在【效果和预设】面板中展开【透视】特效组，然后双击【投影】特效。

步骤08 在【效果控件】面板中，修改【投影】特效的参数，设置【阴影颜色】为黑色，【不透明度】为10%，【距离】为1，【柔和度】为20，如图8.89所示。

图8.89 设置投影

●提 示

为了方便观察添加的投影效果，在添加阴影效果之前，可先单击合成窗口底部的【切换透明网格】按钮。

8.3.4 制作文字动画

步骤01 在【项目】面板中，选中【文字 个图层】素材，将其拖至时间轴面板中，在图像中适当调整其位置，如图8.90所示。

图8.90 添加素材图像

步骤02 在时间轴面板中，选中【文字/文字.psd】图层，在【效果和预设】面板中展开【透视】特效组，然后双击【投影】特效。

步骤03 在【效果控件】面板中，修改【投影】特效的参数，设置【阴影颜色】为黑色，【不透明度】为30%，【距离】为5，如图8.91所示。

图8.91 设置投影

步骤04 在时间轴面板中，选中【文字/文字.psd】图层，在【效果控件】面板中，选中【投影】效果，按Ctrl+C组合键将其复制，选中【文字2/文字.psd】图层，在【效果控件】面板中，按Ctrl+V组合键将其粘贴，如图8.92所示。

图8.92 复制并粘贴效果

步骤05 在时间轴面板中，同时选中【文字/文字.psd】及【文字2/文字.psd】图层，将时间调整到00:00:02:00帧的位置，按S键打开【缩放】，单击【缩放】左侧的码表 ，在当前位置添加关键帧，将数值更改为（0，0）。

步骤06 将时间调整到00:00:02:10帧的位置，将【缩放】更改为（120，120），将时间调整到00:00:02:15帧的位置，将【缩放】更改为（100，100），系统将自动添加关键帧，如图8.93所示。

步骤07 选中当前图层的关键帧，执行菜单栏中的【动画】|【关键帧辅助】|【缓动】命令，为动画添加缓动效果。

图8.93 制作缩放动画

8.3.5 打造场景图像

步骤01 在【项目】面板中，选中【小物品 个图层】素材及【白云】合成，将其拖至时间轴面板中，如图8.94所示。

步骤02 分别选中不同的图层，在时间轴面板中更改其图层顺序，以及在图像中适当更改其位置及大小。

步骤03 在时间轴面板中，选中【花/小物品.psd】图层，在【效果和预设】面板中展开【透视】特效组，然后双击【投影】特效。

图8.96 复制图像

步骤07 在时间轴面板中，选中【花/小物品.psd】图层，在【效果控件】面板中，选中【投影】效果，按Ctrl+C组合键将其复制，选中【舵/小物品.psd】及【球/小物品.psd】图层，在【效果控件】面板中，按Ctrl+V组合键将其粘贴，如图8.97所示。

图8.94 添加素材图像

步骤04 在【效果控件】面板中，修改【投影】特效的参数，设置【阴影颜色】为黑色，【不透明度】为30%，【距离】为3，【柔和度】为5，如图8.95所示。

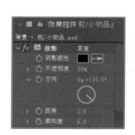

图8.97 复制并粘贴效果

步骤08 在时间轴面板中，选中【舵/小物品.psd】图层，将时间调整到00:00:02:00帧的位置，按S键打开【缩放】，单击【缩放】左侧的码表，在当前位置添加关键帧，将数值更改为（0，0）。

步骤09 将时间调整到00:00:02:10帧的位置，将【缩放】更改为（80，80），系统将自动添加关键帧，制作出缩放动画，如图8.98所示。

图8.95 设置投影

步骤05 在时间轴面板中，选中【花/小物品.psd】图层，按Ctrl+D组合键复制一个【花/小物品.psd】图层。

步骤06 选中复制生成的【花/小物品.psd】图层，在图像中将其适当移动并缩小及旋转，如图8.96所示。

图8.98 制作缩放动画

8.3.6 添加表达式动画

步骤01 在时间轴面板中，选中【树/小物品.psd】图层，选择工具箱中的【向后平移锚点工具】，在图像中将中心点移至图像左下角树根位置，如图8.99所示。

步骤02 在时间轴面板中，选中【树/小物品.psd】图层，将时间调整到00:00:02:05帧的位置，按S键打开【缩放】，单击【缩放】左侧的码表，在当前位置添加关键帧，将数值更改为（0，0）。

图8.99 移动图像中心点

步骤03 将时间调整到00:00:02:15帧的位置，将【缩放】更改为（80，80），系统将自动添加关键帧，制作出缩放动画，如图8.100所示。

图8.100 制作缩放动画

步骤04 以同样的方法为其他几个和小物品相关的图层制作缩放动画，如图8.101所示。

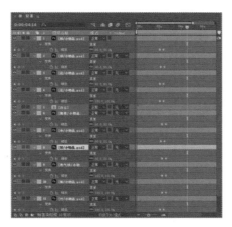

图8.101 为小物品制作缩放动画

步骤05 在时间轴面板中，选中【舵/小物品.psd】图层，按S键打开c，按住Alt键单击【缩放】左侧的码表，输入：

```
amp = .3;
freq = 2.0;
decay = 5.0;
n = 0;
if (numKeys > 0){
n = nearestKey(time).index;
if (key(n).time > time){
```

```
n--;
}}
if (n == 0){ t = 0;
}else{
t = time - key(n).time;
}
if (n > 0){
v = velocityAtTime(key(n).time -
thisComp.frameDuration/10);
value + v*amp*Math.sin(freq*t*2*Math.
PI)/Math.exp(decay*t);
}else{value}
```

为当前图层添加表达式，如图8.102所示。

图8.102 添加表达式

● 提 示

在添加表达式的时候，可适当更改amp=.3；中的数值，amp用来控制振幅的大小，数值越大，振动幅度越大，反之越小。

步骤06 以同样的方法为其他几个和小物品相关的图层添加表达式，如图8.103所示。

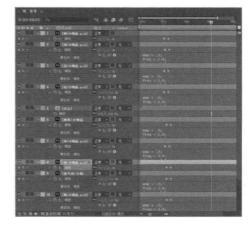

图8.103 再次添加表达式

步骤07 选中工具箱中的【钢笔工具】，在图像中绘制一个图形，设置【填充】为绿色（R:157，G:222，B:18），【描边】为无，将生成一个【形状图层1】图层，如图8.104所示。

图8.104 绘制图形

步骤08 在时间轴面板中，在【形状图层1】图层名称上右击，在弹出的快捷菜单中选择【图层样式】|【斜面和浮雕】，展开【图层样式】|【斜面和浮雕】，将【大小】更改为8，【模式】更改为正常，【加亮颜色】为黄色（R:255，G:240，B:0），制作出立体效果，如图8.105所示。

图8.105 制作出立体效果

步骤09 以同样的方法再次绘制两个相似的图形，如图8.106所示。

步骤10 在时间轴面板中，选中【形状图层1】图层，选择工具箱中的【向后平移锚点工具】，在图像中将中心点移至图像左下角位置，以同样的方法分别更改其他两个图层的中心点位置，如图8.107所示。

图8.106 绘制图形

图8.107 更改图形中心点

步骤11 以刚才为小物品图像制作动画的方法分别为【形状图层1】【形状图层2】及【形状图层3】图层制作出动画效果，并添加表达式，如图8.108所示。

图8.108 为图形制作动画效果

8.3.7 制作小鸟动画

步骤01 执行菜单栏中的【合成】|【新建合成】命令，打开【合成设置】对话框，设置【合成名称】为"小鸟"，【宽度】为"200"，【高度】为"200"，【帧速率】为"25"，并设置【持续时间】为

00:00:10:00秒，【背景颜色】为黑色，完成之后单击【确定】按钮，如图8.109所示。

图8.109 新建合成

步骤02 选中工具箱中的【钢笔工具】，绘制一个翅膀图形，设置【填充】为白色，【描边】为无，将生成一个【形状图层1】图层，如图8.110所示。

图8.110 绘制图形

步骤03 在时间轴面板中，选中【形状图层1】图层，选中工具箱中的【向后平移锚点工具】，在图像中将其中心点向右平移至右侧边缘位置，如图8.111所示。

图8.111 更改中心点

步骤04 在时间轴面板中，选中【形状图层1】图层，按Ctrl+D组合键复制一个【形状图层2】图层。

步骤05 在时间轴面板中，选中【形状图层2】图层，在其图层名称上右击，在弹出的快捷菜单中选择【变换】|【水平翻转】命令，如图8.112所示。

图8.112 变换图形

步骤06 在时间轴面板中，选中【形状图层1】图层，将时间调整到00:00:00:00帧的位置，按R键打开【旋转】，单击【旋转】左侧的码表，在当前位置添加关键帧，将数值更改为（0，15）。

步骤07 将时间调整到00:00:00:20帧的位置，将【旋转】更改为（0，−15），将时间调整到00:00:01:15帧的位置，将【旋转】更改为（0，15），系统将自动添加关键帧，以同样的方法每隔20帧更改一次旋转数值，制作出翅膀飞行效果动画，如图8.113所示。

图8.113 制作飞行效果动画

步骤08 在时间轴面板中，选中【形状图层1】图层，将时间调整到00:00:00:00帧的位置，选中当前图层中的所有关键帧，按Ctrl+C组合键将其复制，选中【形状图层2】图层，按Ctrl+V组合键粘贴图层关键帧，选中【形状图层2】图层关键帧，右击，在弹出的快捷菜单中选择【关键帧辅助】|【时间反向关键帧】，如图8.114所示。

图8.114 添加关键帧

8.3.8 对场景动画进行调整

步骤01 在【项目】面板中，选中【小鸟】合成，将其拖至时间轴面板中，移至图像中右下角位置并适当缩小，如图8.115所示。

图8.115 添加素材图像

步骤02 在时间轴面板中，选中【小鸟】图层，将时间调整到00:00:02:00帧的位置，按S键打开【缩放】，单击【缩放】左侧的码表 ，在当前位置添加关键帧，将数值更改为（0，0）。

步骤03 将时间调整到00:00:02:20帧的位置，将【缩放】更改为（80，80），系统将自动添加关键帧，如图8.116所示。

步骤04 在时间轴面板中，选中【小鸟】图层，按D键数次复制多个图层，分别选中复制生成的图层，在图像中将其等比例缩小并放在不同位置，如图8.117所示。

图8.116 制作缩放动画

图8.117 复制小鸟图像

步骤05 这样就完成了最终整体效果制作，按小键盘上的0键即可在合成窗口中预览动画。

8.4 领奖台主题包装设计

• 实例解析

本例主要讲解领奖台主题包装设计。本例中的包装设计以漂亮的领奖台作为主视图，通过添加漂亮的粒子动画并结合整个图像的大气氛围表现出完美的商业主题包装效果，最终效果如图8.118所示。

图8.118 动画流程画面

图8.118 动画流程画面（续）

● 知识点

【勾画】【CC Particle Systems II（CC粒子系统）】【摄像机镜头模糊】【镜头光晕】【曲线】【快速方框模糊】【偏移】【CC Toner（CC碳粉）】【CC Glass（CC玻璃透视）】【CC Blobbylize（CC融化）】【色相/饱和度】【梯度渐变】

● 操作步骤

8.4.1 绘制光线图形

步骤01 执行菜单栏中的【合成】|【新建合成】命令，打开【合成设置】对话框，设置【合成名称】为"光线动画"，【宽度】为"720"，【高度】为"600"，【帧速率】为"25"，并设置【持续时间】为00:00:10:00秒，【背景颜色】为黑色，完成之后单击【确定】按钮，如图8.119所示。

图8.120 导入素材

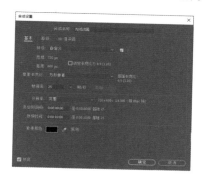

图8.119 新建合成

步骤02 打开【导入文件】对话框，选择"工程文件\第8章\领奖台主题包装设计\文字纹理.jpg、领奖台.avi、标志.png"素材，如图8.120所示。

步骤03 执行菜单栏中的【图层】|【新建】|【纯色】命令，在弹出的对话框中将【名称】更改为光线，【颜色】更改为黑色，完成之后单击【确定】按钮。

步骤04 选中工具箱中的【矩形工具】，选中【光线】图层，在图像中绘制一个细长矩形蒙版路径，如图8.121所示。

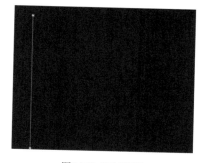

图8.121 绘制蒙版

● 技 巧

因为绘制的蒙版路径非常细小，在绘制过程中，为了方便观察绘制过程，可适当放大视图。

8.4.2　设置勾画效果控件

步骤01　在时间轴面板中，将时间调整到00:00:00:00帧的位置，在【效果和预设】面板中展开【生成】特效组，然后双击【勾画】特效。

步骤02　在【效果控件】面板中，修改【勾画】特效的参数，设置【描边】为蒙版/路径，展开【片段】选项，将【片段】更改为1，【长度】更改为0.5，单击【旋转】左侧的码表，在当前位置添加关键帧，如图8.122所示。

图8.122　设置片段

步骤03　展开【正在渲染】选项，将【颜色】更改为橙黄色（R:255，G:204，B:0），【宽度】更改为1，【中点位置】更改为0.3，如图8.123所示。

图8.123　设置正在渲染

步骤04　将时间调整到00:00:09:24帧的位置，将【旋转】更改为（-1，0），系统将自动添加关键帧，如图8.124所示。

图8.124　更改数值

步骤05　在时间轴面板中，选中【光线】图层，按

Ctrl+D组合键复制一个【光线】图层，将复制生成的图层中的【旋转】更改为（0，-180）。

步骤06　在图像中将复制生成的图层向右侧平移，如图8.125所示。

图8.125　平移图像

步骤07　以同样的方法将图层复制多份，并分别更改旋转数值及平移，如图8.126所示。

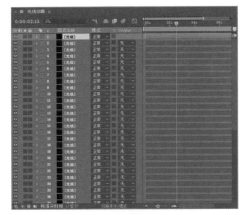

图8.126　复制图层

8.4.3　完成星光动画制作

步骤01 执行菜单栏中的【合成】|【新建合成】命令，打开【合成设置】对话框，设置【合成名称】为"星光动画"，【宽度】为"720"，【高度】为"405"，【帧速率】为"25"，并设置【持续时间】为00:00:10:00秒，【背景颜色】为黑色，完成之后单击【确定】按钮，如图8.127所示。

图8.127　新建合成

步骤02 执行菜单栏中的【图层】|【新建】|【纯色】命令，在弹出的对话框中将【名称】更改为星光，【颜色】更改为黑色，完成之后单击【确定】按钮。

步骤03 选中【星光】层，在【效果与预设】特效面板中展开【模拟】特效组，双击CC Particle Systems II（CC粒子系统）特效。

步骤04 在【效果控件】面板中，设置【Birth Rate（出生速率）】值为0.3，展开【Producer（发生器）】，设置【Radius X（X轴半径）】为140，【Radius Y（Y轴半径）】为160，展开【Physics（物理学）】选项，设置【Velocity（速度）】为0，【Gravity（重力）】为0，【Extra（额外）】为1，如图8.128所示。

步骤05 在时间轴面板中，选中【星光】图层，按Ctrl+D组合键复制一个新图层，将图层名称更改为【星星】。

步骤06 选中【星光】图层，在【效果控件】面板中，展开【Particle（粒子）】选项，在【Particle Type（粒子类型）】右侧的下拉菜单中选择Star（星），设置【Birth Size（出生尺寸）】为0.05，【Death Size（死亡尺寸）】为0.3，【Birth Color（出生颜色）】为黄色（R:255，G:242，B:134），Death Color（死亡颜色）为橙黄色（R:255，G:186，B:0），如图8.129所示。

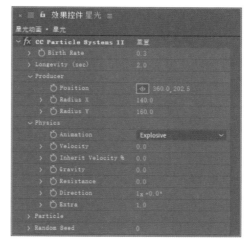

图8.128　参数设置

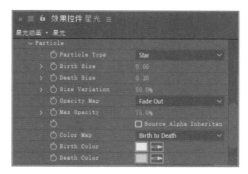

图8.129　设置Particle（粒子）

8.4.4 打造文字特效

步骤01 执行菜单栏中的【合成】|【新建合成】命令，打开【合成设置】对话框，设置【合成名称】为"文字效果"，【宽度】为"720"，【高度】为"405"，【帧速率】为"25"，并设置【持续时间】为00:00:10:00秒，【背景颜色】为黑色，完成之后单击【确定】按钮，如图8.130所示。

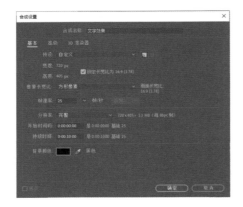

图8.130 新建合成

步骤02 选择工具箱中的【横排文字工具】，在图像中添加文字（方正正粗黑简体），如图8.131所示。

图8.131 添加文字

步骤03 展开文字，单击文本右侧的 按钮，在弹出的菜单中选择【不透明度】命令。

步骤04 将时间调整到00:00:00:0帧的位置，展开【动画制作工具 1】|【范围选择器 1】，将【偏移】更改为-100，单击其左侧的码表 ，在当前位置添加关键帧，展开【高级】选项，将【形状】更改为上斜坡，将【缓和高】更改为100，【不透明度】更改为0%，如图8.132所示。

步骤05 将时间调整到00:00:01:11帧的位置，将【偏移】更改为100，系统将自动添加关键帧，如图8.133所示。

图8.132 设置参数

图8.133 更改数值

步骤06 在【项目】面板中，选中【文字纹理.jpg】素材，将其拖至时间轴面板中，在图像中将其等比例缩小，如图8.134所示。

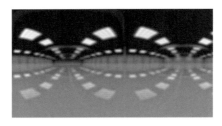

图8.134 添加素材

步骤07 在时间轴面板中，选中【文字纹理.jpg】图层，在【效果和预设】面板中展开【扭曲】特效组，然后双击【偏移】特效。

步骤08 在【效果控件】面板中，修改【偏移】特效的参数，将时间调整到00:00:00:00帧的位置，并单击【将中心转换为】左侧的码表 ，在当前位置添加关键帧，如图8.135所示。

图8.135 添加关键帧

步骤09 在时间轴面板中，将时间调整到00:00:09:24帧的位置，将【将中心转换为】数值更改为（2875，540），系统将自动添加关键帧，如图8.136所示。

图8.136 更改参数

步骤10 在时间轴面板中，选中【文字纹理.jpg】图层，在【效果和预设】面板中展开【风格化】特效组，然后双击【CC Glass（玻璃透视）】特效。

步骤11 在【效果控件】面板中，修改【CC Glass（CC玻璃透视）】特效的参数，展开【Surface（表面）】选项组，将【Bump Map（凹凸贴图）】更改为2.年终盛典，【Softness（柔和）】更改为70，【Height（高度）】更改为90，【Displacement（置换）】更改为−200，如图8.137所示。

图8.137 设置Surface（表面）

步骤12 展开【Shading（着色）】选项，将【Diffuse（扩散）】更改为100，如图8.138所示。

图8.138 设置Shading（着色）

步骤13 在【效果和预设】面板中展开【扭曲】特效

组，然后双击【CC Blobbylize（CC融化）】特效。

步骤14 在【效果控件】面板中，修改【CC Blobbylize（CC 融化）】特效的参数，展开【Blobbiness（融化参数）】选项组，将【Blob Layer（水滴层）】更改为2.年终盛典，【Softness（柔和）】更改为1，【Cut Away（切掉）】更改为0，如图8.139所示。

图8.139 设置CC Blobbylize（CC 融化）

步骤15 在【效果和预设】面板中展开【颜色校正】特效组，然后双击【CC Toner（碳粉）】特效。

步骤16 在【效果控件】面板中，修改【CC Toner（CC碳粉）】特效的参数，将【Highlights（高光）】更改为黄色（R:255，G:230，B:113），【Midtones（中间调）】更改为深黄色（R:167，G:111，B:15），如图8.140所示。

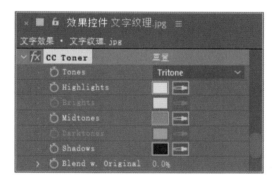

图8.140 设置CC Toner（CC碳粉）

步骤17 在【效果和预设】面板中展开【颜色校正】特效组，然后双击【色相/饱和度】特效。

步骤18 在【效果控件】面板中，修改【色相/饱和度】特效的参数，将【通道控制】更改为黄色，【黄色色相】更改为（0，350），【黄色饱和度】更改为50，【黄色亮度】更改为50，如图8.141所示。

图8.141 设置色相/饱和度

8.4.5 设计出总体场景动画

步骤01 执行菜单栏中的【合成】|【新建合成】命令，打开【合成设置】对话框，设置【合成名称】为"领奖台"，【宽度】为"720"，【高度】为"405"，【帧速率】为"25"，并设置【持续时间】为00:00:10:00秒，【背景颜色】为黑色，完成之后单击【确定】按钮。

步骤02 在【项目】面板中，同时选中【光线动画】及【星光动画】合成，将其拖至时间轴面板中，并放在【领奖台.avi】图层下方，如图8.142所示。

图8.142 添加合成

步骤03 执行菜单栏中的【图层】|【新建】|【调整图层】命令，新建一个【调整图层1】图层。

步骤04 在时间轴面板中，将时间调整到00:00:00:00帧的位置，选中【调整图层1】图层，在【效果和预设】面板中展开【模糊和锐化】特效组，然后双击【摄像机镜头模糊】特效。

步骤05 在【效果控件】面板中，修改【摄像机镜头模糊】特效的参数，设置【模糊半径】为5，单击【模糊半径】左侧的码表 ，在当前位置添加关键帧，勾选【重复边缘像素】复选框，如图8.143所示。

步骤06 将时间调整到00:00:04:00帧的位置，将【模糊半径】更改为0，系统将自动添加关键帧，如图8.144所示。

步骤07 选中工具箱中的【矩形工具】 ，选中【调整图层 1】图层，在图像中间区域绘制一个蒙

版路径，如图8.145所示。

图8.143 设置摄像机镜头模糊

图8.144 更改模糊半径

图8.145 绘制蒙版路径

步骤08 展开【调整图层1】|【蒙版】|【蒙版1】，勾选【反转】复选框，再按F键打开【蒙版羽化】，将其数值更改为（50，50），如图8.146所示。

图8.146 添加蒙版羽化

8.4.6 添加动感光效

步骤01 执行菜单栏中的【图层】|【新建】|【纯色】命令，在弹出的对话框中将【名称】更改为顶部发光，【颜色】更改为黑色，完成之后单击【确定】按钮。

步骤02 在时间轴面板中，选中【顶部发光】图层，将其图层模式更改为相加，如图8.147所示。

图8.147 设置图层模式

步骤03 在时间轴面板中，将时间调整到00:00:00:00帧的位置，选中【顶部发光】图层，在【效果和预设】面板中展开【生成】特效组，然后双击【镜头光晕】特效。

步骤04 在【效果控件】面板中，修改【镜头光晕】特效的参数，设置【光晕中心】为（0，0），单击【光晕中心】左侧的码表，在当前位置添加关键

帧，【镜头类型】为105毫米定焦，【与原始图像混合】为20，如图8.148所示。

图8.148 设置镜头光晕

步骤05 在时间轴面板中，将时间调整到00:00:05:00帧的位置，将【光晕中心】更改为（720，0），系统将自动添加关键帧，如图8.149所示。

图8.149 更改光晕中心

8.4.7 对光效进行色彩调整

步骤01 在时间轴面板中，选中【顶部发光】图层，在【效果和预设】面板中展开【颜色校正】特效组，然后双击【曲线】特效。

步骤02 在【效果控件】面板中，修改【曲线】特效的参数，调整RGB通道，如图8.150所示。

图8.150 调整RGB通道

步骤03 选择【通道】为红色，调整曲线，如图8.151所示。

图8.151 调整红色通道

步骤04 选择【通道】为绿色，调整曲线，如图8.152所示。

图8.152 调整绿色通道

步骤05 选择【通道】为蓝色，调整曲线，如图8.153所示。

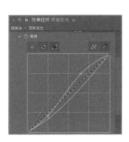

图8.153 调整蓝色通道

步骤06 在时间轴面板中，选中【顶部发光】图层，在【效果和预设】面板中展开【模糊和锐化】特效组，然后双击【快速方框模糊】特效。

步骤07 在【效果控件】面板中，修改【快速方框模糊】特效的参数，设置【模糊半径】为10，单击【模糊半径】左侧的码表，在当前位置添加关键帧，勾选【重复边缘像素】复选框，如图8.154所示。

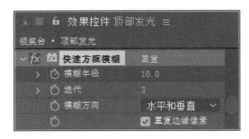

图8.154 设置快速模糊

步骤08 在时间轴面板中，将时间调整到00:00:05:00帧的位置，将【模糊半径】更改为0，系统将自动添加关键帧，如图8.155所示。

图8.155 更改模糊半径

步骤09 执行菜单栏中的【图层】|【新建】|【纯色】命令，在弹出的对话框中将【名称】更改为暗边，【颜色】更改为黑色，完成之后单击【确定】按钮。

步骤10 选中工具箱中的【椭圆工具】，选中【暗边】图层，绘制一个圆形蒙版路径，如图8.156所示。

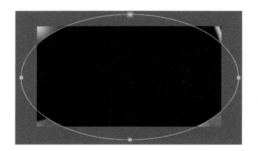

图8.156 绘制蒙版

步骤11 按F键打开【蒙版羽化】，将其数值更改为（100，100），勾选【反转】复选框，并将【暗边】图层模式更改为柔光，如图8.157所示。

图8.157 更改图层模式

步骤12 在【项目】面板中，选中【文字效果】合成，将其拖至时间轴面板中，将时间调整到00:00:03:00帧的位置，按[键设置当前图层入点，如图8.158所示。

图8.158 添加素材图像并设置入点

步骤13 在时间轴面板中，选中【文字效果】图层，将时间调整到00:00:03:00帧的位置，按S键打开【缩放】，单击【缩放】左侧的码表，在当前位置添加关键帧，将数值更改为（0，0）。

步骤14 将时间调整到00:00:03:20帧的位置，将【缩放】更改为（100，100），系统将自动添加关键帧，如图8.159所示。

图8.159 制作缩放动画

8.4.8　打造落幕特效

步骤01 执行菜单栏中的【图层】|【新建】|【纯色】命令，在弹出的对话框中将【名称】更改为落幕，【颜色】更改为黑色，完成之后单击【确定】按钮。

步骤02 在时间轴面板中，选中【落幕】图层，在【效果和预设】面板中展开【生成】特效组，然后双击【梯度渐变】特效。

步骤03 在【效果控件】面板中，修改【梯度渐变】特效的参数，设置【渐变起点】为（360，600），【起始颜色】为蓝色（R:0，G:64，B:143），【渐变终点】为（720，405），【结束颜色】为黑色，【渐变形状】为径向渐变，如图8.160所示。

步骤04 在时间轴面板中，将时间调整到00:00:05:00帧的位置，选中【落幕】图层，按T键打开【不透明度】，将【不透明度】更改为0%，单击【不透明度】左侧的码表，在当前位置添加关键帧。

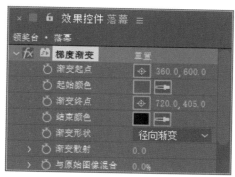

图8.160 添加梯度渐变

步骤05 将时间调整到00:00:07:00帧的位置，将

【不透明度】更改为100%，系统将自动添加关键帧，制作不透明度动画，如图8.161所示。

图8.161 制作不透明度动画

步骤06 在【项目】面板中，选中【标志.png】素材，将其拖至时间轴面板中，在图像中将其放在适当位置，如图8.162所示。

图8.162 添加素材图像

步骤07 在时间轴面板中，将时间调整到00:00:07:00帧的位置，选中【落幕】图层，按T键打开【不透明度】，将【不透明度】更改为0%，单击【不透明度】左侧的码表，在当前位置添加关键帧。

步骤08 将时间调整到00:00:07:20帧的位置，将【不透明度】更改为100%，系统将自动添加关键帧，制作不透明度动画，如图8.163所示。

图8.163 制作不透明度动画

步骤09 选择工具箱中的【横排文字工具】T，在图像中添加文字（AvantGarGotItcTEE），如图8.164所示。

步骤10 选中工具箱中的【矩形工具】，选中【小字】图层，绘制一个蒙版路径，如图8.165所示。

图8.164 添加文字　　　　图8.165 绘制蒙版

步骤11 将时间调整到00:00:07:20帧的位置，展开【蒙版】|【蒙版1】，单击【蒙版路径】左侧的码表，在当前位置添加关键帧。

步骤12 将时间调整到00:00:09:10帧的位置，调整蒙版路径，系统将自动添加关键帧，如图8.166所示。

图8.166 调整蒙版路径

步骤13 按F键打开【蒙版羽化】，将其数值更改为（30，30），如图8.167所示。

图8.167 添加羽化效果

步骤14 这样就完成了最终整体效果制作，按小键盘上的0键即可在合成窗口中预览动画。

第**9**章
Chapter

视频路径
movie /9.1 闪灵神话游戏转场设计.avi
movie /9.2 文明终结游戏开场设计.avi
movie /9.3 恶魔之战游戏开场动画设计.avi
movie /9.4 神域游戏CG动画设计.avi

游戏动漫包装设计

内容摘要

本章主要讲解游戏动漫包装设计。游戏动漫包装作为栏目包装设计中的重点部分，其设计过程相对有些复杂，需要用到较多的特效，因此在设计过程中需要有足够的耐心并且不断地对特效参数进行微调。本章列举了闪灵神话游戏转场设计、文明终结游戏开场设计、恶魔之战游戏开场动画设计以及神域游戏CG动画设计几款实例，通过对本章的学习可以基本掌握游戏动漫包装设计的相关知识。

教学目标

❑ 学会闪灵神话游戏转场设计
❑ 了解文明终结游戏开场设计
❑ 掌握恶魔之战游戏开场动画设计
❑ 理解神域游戏CG动画设计

9.1　闪灵神话游戏转场设计

• 实例解析

本例主要讲解闪灵神话游戏转场设计。本例的设计以漂亮的闪电加烟雾等特效相结合制作而成，整个游戏转场画面气势恢宏，最终效果如图9.1所示。

• 知识点

【轨道遮罩】【CC Glass（CC 玻璃透视）】【斜面Alpha】【梯度渐变】【CC Toner（CC 碳粉）】【CC Particle World（CC粒子世界）】【高级闪电】【镜头光晕】

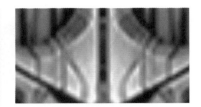
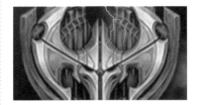

图9.1 动画流程画面

● 操作步骤

9.1.1 制作文字效果

步骤01 执行菜单栏中的【合成】|【新建合成】命令，打开【合成设置】对话框，设置【合成名称】为"文字"，【宽度】为"720"，【高度】为"405"，【帧速率】为"25"，并设置【持续时间】为00:00:10:00秒，【背景颜色】为黑色，完成之后单击【确定】按钮，如图9.2所示。

步骤02 打开【导入文件】对话框，选择"工程文件\第9章\闪灵神话游戏转场设计\标志.png、火焰.mp4、贴图.jpg、烟雾.mp4"素材，如图9.3所示。

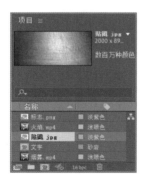

图9.3 导入素材

步骤03 在【项目】面板中，选中【贴图.jpg】素材，将其拖至时间轴面板中。

步骤04 选择工具箱中的【横排文字工具】，在图像中添加文字（Swis721 Blk BT），如图9.4所示。

图9.2 新建合成

图9.4 添加文字

步骤05 在时间轴面板中，将【贴图.jpg】层拖动到【文字.png】层下面，设置【贴图.jpg】层的【轨道遮罩】为【1.文字】，如图9.5所示。

步骤06 选中【贴图.jpg】图层，按S键打开【缩放】，更改其数值，缩小贴图图像。

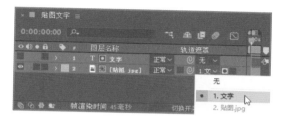

图9.5 设置轨道遮罩

步骤07 在时间轴面板中，同时选中两个图层，右击，在弹出的快捷菜单中选择【预合成】命令，在弹出的对话框中将【新合成名称】更改为贴图文字，完成之后单击【确定】按钮，如图9.6所示。

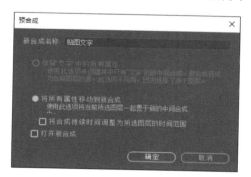

图9.6 添加预合成

步骤08 在时间轴面板中，选中【贴图文字】图层，在【效果和预设】面板中展开【风格化】特效组，然后双击【CC Glass（CC 玻璃透视）】特效。

步骤09 在【效果控件】面板中，修改【CC Glass（CC 玻璃透视）】特效的参数，设置【Property（特性）】为Alpha，【Softness（柔和）】为5，【Height（高度）】为5，【Displacement（置换）】为10，如图9.7所示。

图9.7 设置CC Glass（CC 玻璃透视）

步骤10 展开【Light（灯光）】选项，将【Using（使用）】更改为AE Lights，如图9.8所示。

图9.8 设置Light（灯光）

步骤11 在【效果和预设】面板中展开【透视】特效组，然后双击【斜面Alpha】特效。

步骤12 在【效果控件】面板中，修改【斜面Alpha】特效的参数，设置【边缘厚度】为2，【灯光强度】为0.4，如图9.9所示。

图9.9 设置斜面Alpha

9.1.2 设计开场背景

步骤01 执行菜单栏中的【合成】|【新建合成】命令，打开【合成设置】对话框，设置【合成名称】为"场景"，【宽度】为"720"，【高度】为"405"，【帧速率】为"25"，并设置【持续时间】为00:00:06:00秒，【背景颜色】为黑色，完成之后单击【确定】按钮，如图9.10所示。

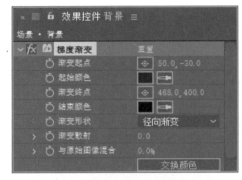

图9.11 添加梯度渐变

图9.10 新建合成

步骤02 执行菜单栏中的【图层】|【新建】|【纯色】命令，在弹出的对话框中将【名称】更改为背景，【颜色】更改为黑色，完成之后单击【确定】按钮。

步骤03 在时间轴面板中，选中【背景】图层，在【效果和预设】面板中展开【生成】特效组，然后双击【梯度渐变】特效。

步骤04 在【效果控件】面板中，修改【梯度渐变】特效的参数，设置【渐变起点】为（50，-30），【起始颜色】为深橙色（R:65，G:23，B:6），【渐变终点】为（468，400），【结束颜色】为黑色，【渐变形状】为径向渐变，如图9.11所示。

步骤05 在【项目】面板中，同时选中【火焰.mp4】及【烟雾.mp4】素材，将其拖至时间轴面板中。

步骤06 在时间轴面板中，同时选中【火焰.mp4】及【烟雾.mp4】图层，将其图层模式更改为屏幕。

步骤07 在时间轴面板中，选中【火焰.mp4】图层，将时间调整到00:00:01:00帧的位置，按[键设置当前图层动画入点，再将图像适当缩小，如图9.12所示。

步骤08 在【项目】面板中，选中【标志.png】素材，将其拖至时间轴面板中，如图9.13所示。

图9.12 设置动画入点

图9.13 添加素材图像

● 提示

　　将标志素材添加至时间轴面板中时，需要确认时间位于00:00:00:00帧的位置。

步骤09 在时间轴面板中，选中【标志.png】图层，在【效果和预设】面板中展开【颜色校正】特效组，然后双击【CC Toner（CC 碳粉）】特效。

步骤10 在【效果控件】面板中，修改【CC Tone（CC 碳粉）】特效的参数，设置【Midtones（中间调）】为红色（R:206，G:29，B:0），如图9.14所示。

步骤11 在时间轴面板中，选中【标志.png】图层，在【效果和预设】面板中展开【颜色校正】特效组，然后双击【曲线】特效。

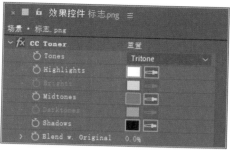

图9.14 设置CC Toner（CC 碳粉）

步骤12 在【效果控件】面板中，修改【曲线】特效的参数，调整RGB通道曲线，如图9.15所示。

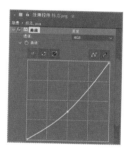

图9.15 调整RGB通道曲线

步骤13 选择【通道】为红色，调整曲线，如图9.16所示。

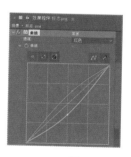

图9.16 调整红色通道曲线

步骤14 选择工具箱中的【横排文字工具】**T**，在图像中添加文字（Swis721 Blk BT），如图9.17所示。

图9.17 添加文字

步骤15 在时间轴面板中，选中文字所在图层，在【效果和预设】面板中展开【生成】特效组，然后双击【梯度渐变】特效。

步骤16 在【效果控件】面板中，修改【梯度渐变】特效的参数，设置【渐变起点】为（360，300），【起始颜色】为深橙色（R:255，G:36，B:0），【渐变终点】为（360，320），【结束颜色】为深橙色（R:39，G:5，B:0），【渐变形状】为线性渐变，如图9.18所示。

图9.18 设置梯度渐变

步骤17 在时间轴面板中，同时选中文字及标志图层，右击，在弹出的快捷菜单中选择【预合成】命令，在弹出的对话框中将【新合成名称】更改为文字及标志，完成之后单击【确定】按钮，如图9.19所示。

步骤18 在【效果和预设】面板中展开【透视】特效组，然后双击【投影】特效。

图9.19 添加预合成

步骤19 在【效果控件】面板中，修改【投影】特效的参数，设置【距离】为5，【柔和度】为5，如图9.20所示。

图9.20 设置投影

步骤20 执行菜单栏中的【图层】|【新建】|【纯色】命令，在弹出的对话框中将【名称】更改为闪电，【颜色】更改为黑色，完成之后单击【确定】按钮。

步骤21 在时间轴面板中，选中【闪电】图层，在【效果和预设】面板中展开【生成】特效组，然后双击【高级闪电】特效。

步骤22 将时间调整到00:00:00:00帧的位置，在【效果控件】面板中，修改【高级闪电】特效的参数，设置【闪电类型】为全方位，【源点】为（390，0），单击【源点】左侧的码表，在当前位置添加关键帧，【外径】为（700，230），【传导率状态】为6，如图9.21所示。

图9.21 设置高级闪电

步骤23 展开【核心设置】选项，将【核心半径】更改为3，【核心不透明度】更改为100%，【核心颜色】更改为浅红色（R:255，G:223，B:218），展开【发光设置】选项，将【发光颜色】更改为红色（R:255，G:36，B:0），勾选【主核心衰减】复选框，如图9.22所示。

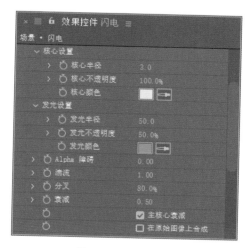

图9.22 更改核心设置

步骤24 展开【专家设置】选项，勾选【仅主核心碰撞】复选框，如图9.23所示。

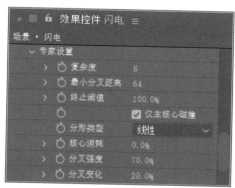

图9.23 更改专家设置

步骤25 在时间轴面板中，将时间调整到00:00:05:24帧的位置，将【源点】更改为（100，0），系统将自动添加关键帧，如图9.24所示。

图9.24 调整源点

步骤26 在时间轴面板中，将时间调整到00:00:00:00帧的位置，选中【闪电】图层，按T键打开【不透明度】，将【不透明度】更改为0%，单击【不透明度】左侧的码表🕐，在当前位置添加关键帧。

步骤27 将时间调整到00:00:00:10帧的位置，将【不透明度】更改为100%，系统将自动添加关键帧，制作不透明度动画，如图9.25所示。

图9.25 制作不透明度动画

步骤28 在时间轴面板中，选中【闪电】图层，按Ctrl+D组合键复制一个【闪电2】图层。

步骤29 在时间轴面板中，将时间调整到00:00:00:00帧的位置，将【源点】更改为（-140，355），将时间调整到00:00:05:24帧的位置，将【源点】更改为（745，540），如图9.26所示。

图9.26 调整高级闪电

9.1.3 为合成添加粒子效果

步骤01 执行菜单栏中的【图层】|【新建】|【纯色】命令，在弹出的对话框中将【名称】更改为粒子，【颜色】更改为黑色，完成之后单击【确定】按钮。

步骤02 在时间轴面板中，选中【粒子】图层，在【效果和预设】面板中展开【模拟】特效组，然后双击【CC Particle World（CC粒子世界）】特效。

步骤03 在【效果控件】面板中，修改【CC Particle World（CC粒子世界）】特效的参数，将【Birth Rate（出生速率）】更改为0.5，【Longevity (sec)（寿命）】更改为3。

步骤04 展开【Producer（发生器）】选项组，将【Position X（位置X）】更改为−0.6，【Position Y（位置Y）】更改为0.36，【Radius X（X轴半径）】更改为1，【Radius Y（Y轴半径）】更改为0.4，【Radius Z（Z轴半径）】更改为1，如图9.27所示。

图9.27 设置参数

步骤05 展开【Physics（物理学）】选项组，将【Animation（动画）】更改为Twirl，【Volocity（速度）】更改为0，【Gravity（重力）】更改为0.05，【Extra（扩展）】更改为1.2，【Extra Angle（扩展角度）】更改为（0，210）。

步骤06 展开【Direction Axis（方向轴）】选项组，将【Axis X（X轴）】更改为0.13。

步骤07 展开【Gravity Vector（重力矢量）】选项组，将【Gravity X（重力X）】更改为0.13，【Gravity Y（重力Y）】更改为0，如图9.28所示。

图9.28 设置Physics（物理学）及Direction Axis（方向轴）选项

步骤08 展开【Particle（粒子）】选项组，将【Particle Type（粒子类型）】更改为Faded Sphere（褪色球体），【Birth Size（出生尺寸）】更改为0.12，【Death Size（死亡尺寸）】更改为0.12，【Size Variation（尺寸变化）】更改为50%，【Max Opacity（最大不透明度）】更改为100%，如图9.29所示。

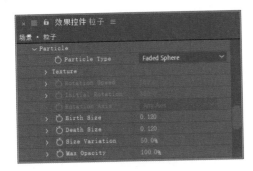

图9.29 设置Particle（粒子）选项

步骤09 在时间轴面板中，选中【粒子】图层，按Ctrl+D组合键将图层复制一份，将复制的粒子图层模式更改为相加，在【效果控件】面板中展开【Particle】选项组，将【Particle Type】更改为Motion Polygon，如图9.30所示。

图9.30 复制图层并设置参数

9.1.4 添加光效

步骤01 执行菜单栏中的【图层】|【新建】|【纯色】命令，在弹出的对话框中将【名称】更改为顶部发光，【颜色】更改为黑色，完成之后单击【确定】按钮。

步骤02 在时间轴面板中，选中【顶部发光】图层，将其图层模式更改为相加，如图9.31所示。

图9.31 设置图层模式

步骤03 在时间轴面板中，选中【顶部发光】图层，在【效果和预设】面板中展开【生成】特效组，然后双击【镜头光晕】特效。

步骤04 在【效果控件】面板中，修改【镜头光晕】特效的参数，设置【光晕中心】为（460，0），【镜头类型】为105毫米定焦，如图9.32所示。

图9.32 设置镜头光晕

步骤05 在【效果和预设】面板中展开【颜色校正】特效组，然后双击【曲线】特效。

步骤06 在【效果控件】面板中，修改【曲线】特效的参数，如图9.33所示。

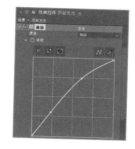

图9.33 调整曲线

步骤07 选择【通道】为红色，调整曲线，如图9.34所示。

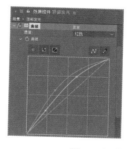

图9.34 调整红色通道曲线

步骤08 选择【通道】为绿色，调整曲线，如图9.35所示。

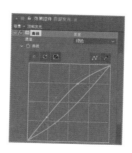

图9.35 调整绿色通道曲线

步骤09 选择【通道】为蓝色，调整曲线，如图9.36所示。

图9.36 调整蓝色通道曲线

步骤10 在【效果和预设】面板中展开【模糊和锐化】特效组,然后双击【快速方框模糊】特效。

步骤11 在【效果控件】面板中,修改【快速方框模糊】特效的参数,设置【模糊半径】为10,勾选【重复边缘像素】复选框,如图9.37所示。

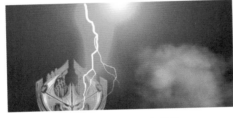

图9.37 设置快速方框模糊

步骤12 在时间轴面板中,选中【顶部发光】图层,将时间调整到00:00:00:00帧的位置,将【光晕亮

度】更改为0,并单击其左侧的码表,在当前位置添加关键帧,如图9.38所示。

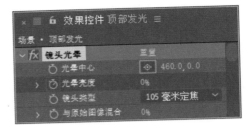

图9.38 设置镜头光晕

步骤13 在时间轴面板中,选中【顶部发光】图层,将时间调整到00:00:02:00帧的位置,将【光晕亮度】更改为100,系统将自动添加关键帧,如图9.39所示。

图9.39 更改数值

步骤14 在【项目】面板中,选中【文字】合成,将其拖至时间轴面板中,并将其移至【烟雾.mp4】图层下方,如图9.40所示。

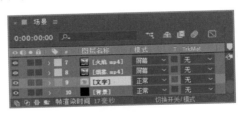

图9.40 添加合成

9.1.5 对画面进行调色

步骤01 在时间轴面板中,选中【文字】合成,在【效果和预设】面板中展开【颜色校正】特效组,然后双击【CC Toner(CC 碳粉)】特效。

步骤02 在【效果控件】面板中,修改【CC Toner(CC 碳粉)】特效的参数,设置【Midtones(中间调)】为红色(R:206,G:29,B:0),如图9.41所示。

步骤03 在时间轴面板中,选中【文字】合成,在【效果和预设】面板中展开【生成】特效组,然后双击【梯度渐变】特效。

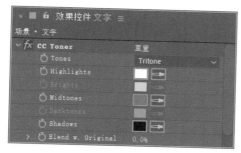

图9.41 设置CC Toner（CC 碳粉）

步骤04 在【效果控件】面板中，修改【梯度渐变】特效的参数，设置【渐变起点】为（345，128），【起始颜色】为深橙色（R:255，G:36，B:0），

【渐变终点】为（345，275），【结束颜色】为深橙色（R:39，G:5，B:0），【渐变形状】为线性渐变，如图9.42所示。

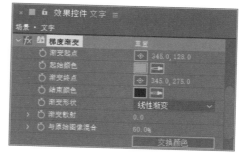

图9.42 设置梯度渐变

9.1.6 打造运动视角

步骤01 在时间轴面板中，选中【文字及标志】图层，将时间调整到00:00:03:00帧的位置，按]键设置当前图层出点，选中【文字】图层，将时间调整到00:00:03:01帧的位置，按[键设置当前图层入点，如图9.43所示。

图9.43 设置图层出入点

步骤02 执行菜单栏中的【图层】|【新建】|【摄像机】命令，在弹出的对话框中取消勾选【启用景深】复选框，新建一个摄像机，如图9.44所示。

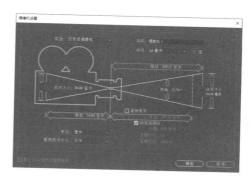

图9.44 新建摄像机

步骤03 在时间轴面板中，同时选中【文字及标志】合成、【文字】合成，打开三维图层开关，如图9.45所示。

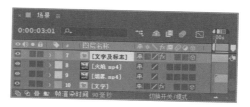

图9.45 打开三维图层开关

步骤04 在时间轴面板中，选中【摄像机1】图层，将时间调整到00:00:00:00帧的位置，按P键打开位置，单击【位置】左侧的码表，在当前位置添加关键帧，将数值更改为（360，202.5，0），将时间调整到00:00:01:00帧的位置，将数值更改为（360，202.5，-450），将时间调整到00:00:03:00帧的位置，将数值更改为（360，202.5，-500），如图9.46所示。

图9.46 添加位置关键帧

步骤05 在时间轴面板中，将时间调整到00:00:03:01帧的位置，选中【文字】合成，将

【位置】数值更改为（360，202.5，0），单击【位置】左侧的码表，在当前位置添加关键帧。

步骤06 在时间轴面板中，将时间调整到00:00:05:00帧的位置，将【位置】数值更改为（360，202.5，100），系统将自动添加关键帧，如图9.47所示。

图9.47 更改数值

步骤07 这样就完成了最终整体效果制作，按小键盘上的0键即可在合成窗口中预览动画。

9.2 文明终结游戏开场设计

• 实例解析

本例主要讲解文明终结游戏开场设计。本例的设计过程比较简单，主要采用漂亮的素材图像结合特效文字并用粒子进行装饰完成整个游戏开场动画设计，最终效果如图9.48所示。

图9.48 动画流程画面

• 知识点

【CC Glass（CC 玻璃）】【斜面Alpha】【简单阻塞工具】【投影】【轨道遮罩】【照片滤镜】【色阶】【发光】【摄像机】【CC Particle World（CC粒子世界）】

• 操作步骤

9.2.1 制作质感文字

步骤01 执行菜单栏中的【合成】|【新建合成】命令，打开【合成设置】对话框，设置【合成名称】为"文字"，【宽度】为"720"，【高度】为"405"，【帧速率】为"25"，并设置【持续时间】为00:00:10:00秒，【背景颜色】为黑色，完成之后单击【确定】按钮，如图9.49所示。

步骤02 打开【导入文件】对话框，选择"工程文件\第9章\文明终结游戏开场设计\地下空间.mp4、光斑.mp4、贴图.jpg、文字.png"素材，如图9.50所示。

图9.49 新建合成　　图9.50 导入素材

步骤03 在【项目】面板中，选中【光斑.mp4】【文字.png】素材，将其拖至时间轴面板中。

步骤04 在时间轴面板中，将【光斑.mp4】层拖动到【文字.png】层下面，设置【光斑.mp4】层的【轨道遮罩】为【1.文字.png】，如图9.51所示。

图9.51 设置轨道遮罩

步骤05 在时间轴面板中，选中【光斑.mp4】图层，在【效果和预设】面板中展开【风格化】特效

组，然后双击【CC Glass（CC 玻璃）】特效。

步骤06 在【效果控件】面板中，修改【CC Glass（CC 玻璃）】特效的参数，设置【Bump Map（凹凸贴图）】为文字.png，【Property（特性）】为Alpha，【Height（高度）】为23，【Displacement（置换）】为−300，如图9.52所示。

图9.52 设置CC Glass（CC 玻璃）

步骤07 展开【Light（灯光）】选项，将【Light Intensity（光照强度）】更改为1000，【Light Height（灯光高度）】更改为100，如图9.53所示。

图9.53 设置Light（灯光）

步骤08 在时间轴面板中，同时选中两个图层，右击，在弹出的快捷菜单中选择【预合成】命令，在弹出的对话框中将【新合成名称】更改为文字，完成之后单击【确定】按钮，如图9.54所示。

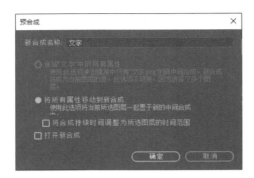

图9.54 添加预合成

步骤09 在时间轴面板中，选中【文字】合成，在【效果和预设】面板中展开【透视】特效组，然后双击【斜面Alpha】特效。

步骤10 在【效果控件】面板中，修改【斜面Alpha】特效的参数，设置【边缘厚度】为2，【灯光强度】为1，如图9.55所示。

图9.55 设置斜面Alpha

步骤11 在时间轴面板中，选中【文字】合成，按Ctrl+D组合键复制一个【文字】合成。

步骤12 在时间轴面板中，选中复制生成的【文字】合成，在【效果和预设】面板中展开【遮罩】特效组，然后双击【简单阻塞工具】特效。

步骤13 在【效果控件】面板中，修改【简单阻塞工具】特效的参数，设置【阻塞遮罩】为10，如图9.56所示。

图9.56 设置阻塞遮罩

步骤14 在【效果和预设】面板中展开【透视】特效组，然后双击【投影】特效。

步骤15 在【效果控件】面板中，修改【投影】特效的参数，设置【不透明度】为70%，【距离】为3，如图9.57所示。

图9.57 设置投影

9.2.2 设计质感贴图

步骤01 执行菜单栏中的【合成】|【新建合成】命令，打开【合成设置】对话框，设置【合成名称】为"质感贴图"，【宽度】为"720"，【高度】为"405"，【帧速率】为"25"，并设置【持续时间】为00:00:10:00秒，【背景颜色】为黑色，完成之后单击【确定】按钮，如图9.58所示。

图9.58 新建合成

步骤02 在【项目】面板中，选中【贴图.jpg】【文字.png】素材，将其拖至时间轴面板中。

步骤03 在时间轴面板中，将【贴图.jpg】层拖动到【文字.png】层下面，设置【贴图.jpg】层的【轨道遮罩】为【1.文字.png】，如图9.59所示。

图9.59 设置轨道遮罩

步骤04 在【项目】面板中，选中【质感贴图】合成，将其拖至时间轴面板中。

步骤05 在时间轴面板中，选中【质感贴图】图层，将其图层模式更改为叠加，如图9.60所示。

步骤06 执行菜单栏中的【图层】|【新建】|【调整图层】命令，新建一个【调整图层1】图层。

步骤07 在时间轴面板中，选中【调整图层1】图层，在【效果和预设】面板中展开【颜色校正】特效组，然后双击【照片滤镜】特效。

图9.60 更改图层模式

步骤08 在【效果控件】面板中，修改【照片滤镜】特效的参数，设置【滤镜】为暖色滤镜（85），【密度】为50%，如图9.61所示。

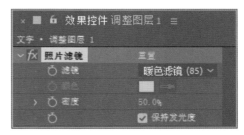

图9.61 设置照片滤镜

步骤09 在【效果和预设】面板中展开【颜色校正】特效组，然后双击【色阶】特效。

步骤10 在【效果控件】面板中，修改【色阶】特效的参数，如图9.62所示。

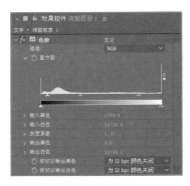

图9.62 调整色阶

9.2.3 设计游戏氛围效果

步骤01 执行菜单栏中的【合成】|【新建合成】命令，打开【合成设置】对话框，设置【合成名称】为"整体效果"，【宽度】为"720"，【高度】为"405"，【帧速率】为"25"，并设置【持续时间】为00:00:10:00秒，【背景颜色】为黑色，完成之后单击【确定】按钮，如图9.63所示。

图9.64 添加素材图像

图9.63 新建合成

步骤02 在【项目】面板中，选中【地下空间.mp4】素材，将其拖至时间轴面板中。

步骤03 在时间轴面板中，选中【地下空间.mp4】，按S键打开【缩放】，将其数值更改为（19，19），如图9.64所示。

步骤04 在时间轴面板中，选中【地下空间.mp4】图层，在【效果和预设】面板中展开【颜色校正】特效组，然后双击【照片滤镜】特效。

步骤05 在【效果控件】面板中，修改【照片滤镜】特效的参数，设置【滤镜】为暖色滤镜（85），【密度】为70%，如图9.65所示。

图9.65 设置照片滤镜

9.2.4 对游戏画面进行调色

步骤01 在【效果和预设】面板中展开【颜色校正】特效组，然后双击【曲线】特效。

步骤02 在【效果控件】面板中，修改【曲线】特效的参数，如图9.66所示。

图9.66 调整曲线

步骤03 选择【通道】为红色，调整曲线，如图9.67所示。

图9.67 调整红色通道曲线

步骤04 选择【通道】为绿色，调整曲线，如图9.68所示。

步骤05 在【效果和预设】面板中展开【颜色校正】特效组，然后双击【色相/饱和度】特效。

步骤06 将【主色相】更改为（0，20），【主饱和度】更改为20，如图9.69所示。

图9.68 调整绿色通道曲线

图9.69 调整色相/饱和度

步骤07 在【项目】面板中，选中【文字】合成，将其拖至时间轴面板中，并将其适当缩小，如图9.70所示。

图9.70 添加合成图像

9.2.5 打造摄像机视角

步骤01 执行菜单栏中的【图层】|【新建】|【摄像机】命令，在弹出的对话框中取消勾选【启用景深】复选框，新建一个摄像机，如图9.71所示。

步骤02 在时间轴面板中，选中【文字】合成，打开三维图层开关 ⬛。

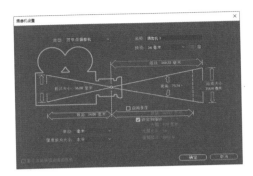

图9.71 新建摄像机

步骤03 在时间轴面板中，选中【摄像机1】图层，将时间调整到00:00:05:00帧的位置，按P键打开位置，单击【位置】左侧的码表 ⏱，在当前位置添加关键帧，将其数值更改为（360，202.5，0），按R键打开旋转，单击【Z轴旋转】左侧的码表 ⏱，在当前位置添加关键帧，将其数值更改为（0，10），如图9.72所示。

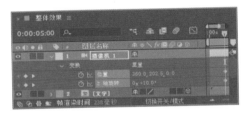

图9.72 添加位置及旋转关键帧

步骤04 在时间轴面板中，将时间调整到00:00:06:18帧的位置，将【位置】数值更改为（360，202.5，−480），将【Z轴旋转】数值更改为（0，0），系统将自动添加关键帧，如图9.73所示。

图9.73 更改数值

步骤05 在时间轴面板中，选中【文字】合成，在【效果和预设】面板中展开【颜色校正】特效组，

然后双击【照片滤镜】特效。

步骤06 在【效果控件】面板中，修改【照片滤镜】特效的参数，设置【滤镜】为暖色滤镜（85），【密度】为100%，如图9.74所示。

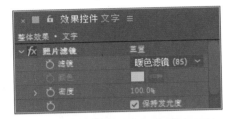

图9.74 设置照片滤镜

步骤07 在时间轴面板中，选中【文字】图层，在【效果和预设】面板中展开【风格化】特效组，然后双击【发光】特效。

步骤08 在【效果控件】面板中，修改【发光】特效的参数，设置【发光半径】为20，【发光操作】为滤色，【发光维度】为水平，如图9.75所示。

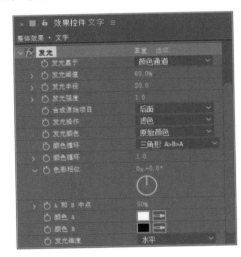

图9.75 设置发光

9.2.6 为动画添加粒子效果 ▶▶

步骤01 执行菜单栏中的【图层】|【新建】|【纯色】命令，在弹出的对话框中将【名称】更改为粒子，【颜

色】更改为黑色，完成之后单击【确定】按钮。

步骤02 在时间轴面板中，选中【粒子】图层，在【效果和预设】面板中展开【模拟】特效组，然后双击【CC Particle World（CC粒子世界）】特效。

步骤03 在【效果控件】面板中，修改【CC Particle World（CC粒子世界）】特效的参数，将【Birth Rate（出生速率）】更改为0.5，【Longevity (sec)（寿命）】更改为3。

步骤04 展开【Producer（发生器）】选项组，将【Position X（位置X）】更改为-0.6，【Position Y（位置Y）】更改为0.3，【Radius X（X轴半径）】更改为1，【Radius Y（Y轴半径）】更改为0.3，【Radius Z（Z轴半径）】更改为1，如图9.76所示。

图9.76 设置参数

步骤05 展开【Physics（物理学）】选项组，将【Animation（动画）】更改为Twirl，【Velocity（速度）】更改为0.2，【Gravity（重力）】更改为0。

步骤06 展开【Direction Axis（方向轴）】选项组，将【Axis X（X轴）】更改为0.13。

步骤07 展开【Gravity Vector（重力矢量）】选项组，将【Gravity X（重力X）】更改为0.13，【Gravity Y（重力Y）】更改为0，如图9.77所示。

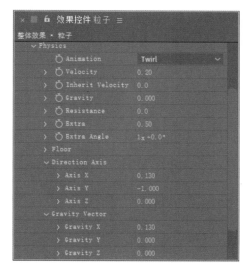

图9.77 设置Physics（物理学）及Direction Axis（方向轴）选项

步骤08 展开【Particle（粒子）】选项组，将【Particle Type（粒子类型）】更改为Motion Polygon（运动多边形），【Birth Size（出生尺寸）】更改为0.15，【Death Size（死亡尺寸）】更改为0，【Size Variation（尺寸变化）】更改为50%，【Max Opacity（最大不透明度）】更改为100%，如图9.78所示。

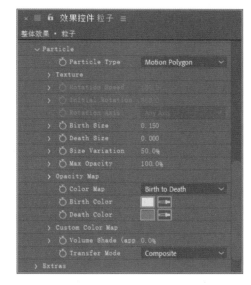

图9.78 设置Particle（粒子）选项

步骤09 这样就完成了最终整体效果制作，按小键盘上的0键即可在合成窗口中预览动画。

9.3 恶魔之战游戏开场动画设计

● 实例解析

　　本例主要讲解恶魔之战游戏开场动画设计。本例以厚重的背景结合漂亮的游戏标志出场效果制作出漂亮的开场动画，整个制作过程突出了此款游戏的特点，最终效果如图9.79所示。

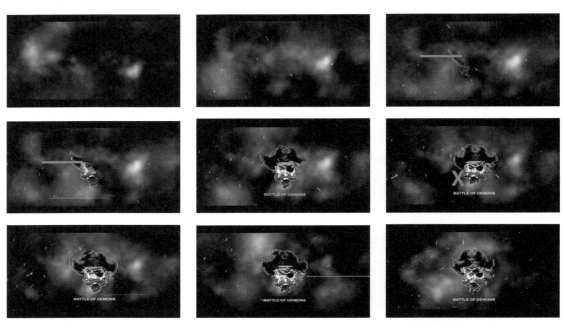

图9.79 动画流程画面

● 知识点

　　【蒙版】【位置】【表达式】

● 操作步骤

9.3.1 打造开场背景

步骤01 执行菜单栏中的【合成】|【新建合成】命令，打开【合成设置】对话框，设置【合成名称】为"场景"，【宽度】为"720"，【高度】为"405"，【帧速率】为"25"，并设置【持续时间】为00:00:10:00秒，【背景颜色】为黑色，完成之后单击【确定】按钮，如图9.80所示。

步骤02 打开【导入文件】对话框，选择"工程文件\第9章\恶魔之战游戏开场动画设计\海盗头像.png、纹理.jpg"素材，如图9.81所示。

图9.80 新建合成

图9.81 导入素材

步骤03 执行菜单栏中的【图层】|【新建】|【纯色】命令，在弹出的对话框中将【名称】更改为背景，【颜色】更改为黑色，完成之后单击【确定】按钮。

步骤04 在时间轴面板中，将时间调整到00:00:00:00帧的位置，选中【背景】图层，在【效果和预设】面板中展开【杂色和颗粒】特效组，然后双击【分形杂色】特效。

步骤05 在【效果控件】面板中，修改【分形杂色】特效的参数，设置【分形类型】为小凹凸，【杂色类型】为样条，【对比度】为85，【亮度】为−17，如图9.82所示。

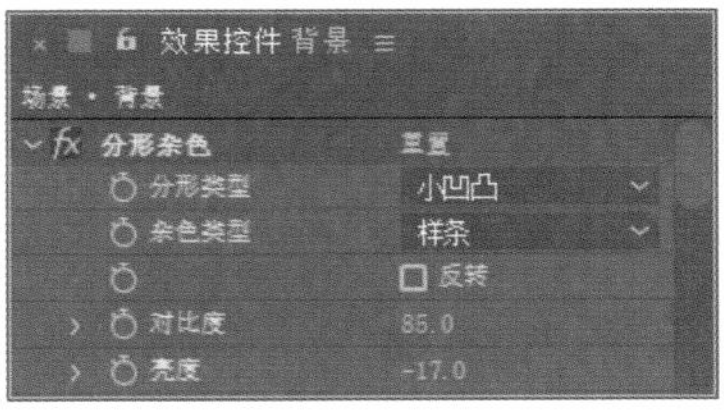

图9.82 设置数值

步骤06 展开【变换】，将【旋转】更改为（0，35），【缩放】为80，【偏移（湍流）】为（360，600），并单击其左侧的码表，在当前位置添加关键帧，如图9.83所示。

图9.83 设置变换

步骤07 在时间轴面板中，选中【背景】图层，将时间调整到00:00:09:24帧的位置，将【偏移（湍流）】更改为（360，200），系统将自动添加关键

帧，如图9.84所示。

步骤08 在【效果控件】面板中，按住Alt键单击【演化】左侧的码表，输入time*50，为当前图层添加表达式，如图9.85所示。

图9.84 更改数值

图9.85 添加表达式

步骤09 在时间轴面板中，选中【背景】图层，在【效果和预设】面板中展开【模糊和锐化】特效组，然后双击【快速方框模糊】特效。

步骤10 在【效果控件】面板中，修改【快速方框模糊】特效的参数，设置【模糊半径】为8，【迭代】为1，勾选【重复边缘像素】复选框，如图9.86所示。

图9.86 设置快速方框模糊

步骤11 选择工具箱中的【椭圆工具】，绘制一个椭圆路径，如图9.87所示。

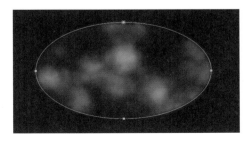

图9.87 绘制路径

步骤12 在时间轴面板中，按F键打开【蒙版羽化】，将其数值更改为（200，200），如图9.88所示。

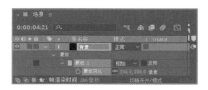

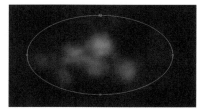

图9.88 设置蒙版羽化

步骤13 在【项目】面板中，选中【纹理.jpg】素材，将其拖至时间轴面板中，并将其图层模式更改为柔光，在图像中将其等比例缩小，如图9.89所示。

图9.89 添加素材图像

9.3.2 对开场背景进行微调

步骤01 执行菜单栏中的【图层】|【新建】|【调整图层1】命令，新建一个调整图层。

步骤02 在时间轴面板中，选中【调整图层1】图层，在【效果和预设】面板中展开【颜色校正】特效组，然后双击【色阶】特效。

步骤03 在【效果控件】面板中，修改【色阶】特效的参数，增加图像亮度及对比度，如图9.90所示。

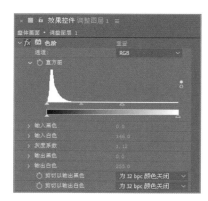

图9.90 调整图像色阶

步骤04 执行菜单栏中的【图层】|【新建】|【纯色】命令，在弹出的对话框中将【名称】更改为颜色叠加，【颜色】更改为黑色，完成之后单击【确定】按钮。

步骤05 在时间轴面板中，选中【颜色叠加】图层，在【效果和预设】面板中展开【杂色和颗粒】特效组，然后双击【分形杂色】特效。

步骤06 在【效果控件】面板中，修改【分形杂色】特效的参数，设置【杂色类型】为样条，【亮度】为-50，【复杂度】为1，如图9.91所示。

图9.91 设置分形杂色

步骤07 展开【变换】选项，按住Alt键单击【偏移（湍流）】左侧的码表，输入（wiggle(2,500)），为当前图层添加表达式。

步骤08 在【效果控件】面板中，按住Alt键单击【演化】左侧的码表，输入（time*30），为当前图层添加表达式，如图9.92所示。

图9.92 设置变换

步骤09 在时间轴面板中，选中【颜色叠加】图层，在【效果和预设】面板中展开【过时】特效组，然后双击【高斯模糊（旧版）】特效。

步骤10 在【效果控件】面板中，修改【高斯模糊（旧版）】特效的参数，设置【模糊度】为100，如图9.93所示。

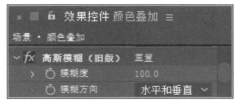

图9.93 设置高斯模糊

步骤11 在时间轴面板中，选中【颜色叠加】图层，将其图层模式更改为屏幕，如图9.94所示。

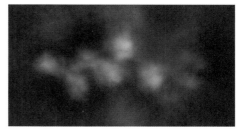

图9.94 更改图层模式

9.3.3 打造标志特效

步骤01 执行菜单栏中的【合成】|【新建合成】命令，打开【合成设置】对话框，设置【合成名称】为"标志特效"，【宽度】为"720"，【高度】为"405"，【帧速率】为"25"，并设置【持续时间】为00:00:10:00秒，【背景颜色】为黑色，完成之后单击【确定】按钮，如图9.95所示。

步骤02 在【项目】面板中，选择【海盗头像.png】素材，将其拖动到【标志特效】时间线面板中。

步骤03 执行菜单栏中的【图层】|【新建】|【纯色】命令，在弹出的对话框中将【名称】更改为杂色，【颜色】更改为黑色，完成之后单击【确定】按钮。

图9.95 新建合成

步骤04 在时间轴面板中，选中【杂色】图层，在【效果和预设】面板中展开【杂色和颗粒】特效组，然后双击【分形杂色】特效。

步骤05 在【效果控件】面板中，修改【分形杂色】特效的参数，设置【分形类型】为湍流基本，【杂色类型】为块，【对比度】为216，【亮度】为−126，如图9.96所示。

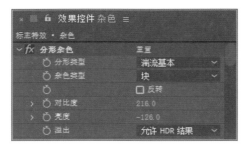

图9.96 设置分形杂色

步骤06 展开【变换】选项，取消【统一缩放】复选框，将【缩放宽度】更改为200，【缩放高度】更改为40，【复杂度】更改为3，如图9.97所示。

图9.97 设置变换

步骤07 在【效果控件】面板中，按住Alt键单击【演化】左侧的码表，输入（time*1000），为当前图层添加表达式，如图9.98所示。

步骤08 执行菜单栏中的【图层】|【新建】|【调整图层】命令，新建一个【调整图层1】图层，并将其移至【杂色】图层下方，并将【杂色】图层暂时隐藏，如图9.99所示。

步骤09 在时间轴面板中，选中【调整图层1】图层，在【效果和预设】面板中展开【扭曲】特效组，然后双击【置换图】特效。

图9.98 添加表达式

图9.99 新建图层

步骤10 在【效果控件】面板中，修改【置换图】特效的参数，设置【置换图层】为杂色、效果和蒙版，【最大水平置换】为10，【最大垂直置换】为10，如图9.100所示。

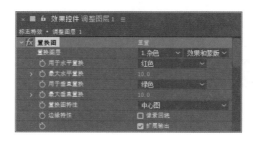

图9.100 设置置换图

步骤11 在【效果和预设】面板中展开【颜色校正】特效组，然后双击【色相/饱和度】特效。

步骤12 在【效果控件】面板中，修改【色相/饱和度】特效的参数，勾选【彩色化】复选框，设置【着色饱和度】为25。

步骤13 按住Alt键单击【着色色相】左侧的码表，输入（time*10），为当前图层添加表达式，如图9.101所示。

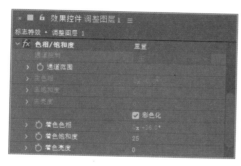

图9.101 添加色相/饱和度调整图层

9.3.4 制作场景特效

步骤01 打开【场景】合成，在【项目】面板中，选中【标志特效】合成，将其拖至时间轴面板中，如图9.102所示。

图9.102 添加合成

步骤02 选中工具箱中的【钢笔工具】，选中【标志特效】图层，在图像左下角位置绘制一个蒙版路径，如图9.103所示。

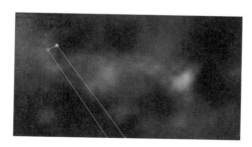

图9.103 绘制蒙版

步骤03 将时间调整到00:00:00:20帧的位置，展开【蒙版】|【蒙版1】，单击【蒙版路径】左侧的码表，在当前位置添加关键帧。

步骤04 将时间调整到00:00:01:15帧的位置，调整蒙版路径，系统将自动添加关键帧，如图9.104所示。

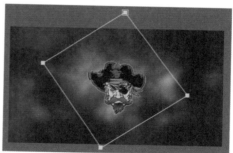

图9.104 调整蒙版路径

步骤05 按F键打开【蒙版羽化】，将其数值更改为（50，50），如图9.105所示。

图9.105 添加羽化效果

9.3.5 对画面进行调色

步骤01 执行菜单栏中的【图层】|【新建】|【调整图层】命令，新建一个【调整图层2】图层。

步骤02 在时间轴面板中，选中【调整图层2】图层，在【效果和预设】面板中展开【颜色校正】特效组，然后双击【曲线】特效。

步骤03 在【效果控件】面板中，修改【曲线】特效的参数，调整曲线增强图像的对比度，如图9.106所示。

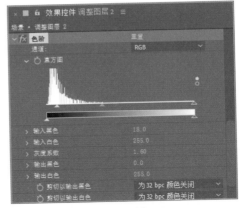

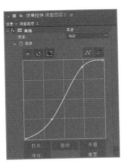

图9.106 调整曲线

步骤04 选择【通道】为蓝色，调整曲线，增强图像中的蓝色，如图9.107所示。

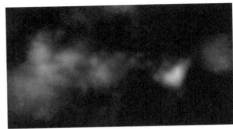

图9.108 调整图像色阶

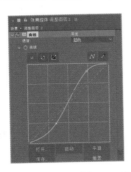

图9.107 调整蓝色通道

步骤05 在时间轴面板中，选中【调整图层2】图层，在【效果和预设】面板中展开【颜色校正】特效组，然后双击【色阶】特效。

步骤06 在【效果控件】面板中，修改【色阶】特效的参数，拖动滑块进一步增强图像的对比度，如图9.108所示。

步骤07 选择【通道】为红色，再次调整色阶，减少图像中红色的数量，如图9.109所示。

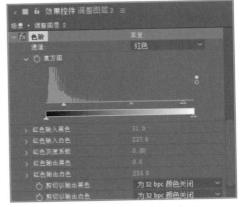

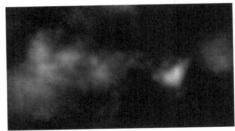

图9.109 调整红色通道

9.3.6 添加粒子效果

步骤01 执行菜单栏中的【图层】|【新建】|【纯色】命令，在弹出的对话框中将【名称】更改为粒子，【颜色】更改为黑色，完成之后单击【确定】按钮。

步骤02 在时间轴面板中，选中【粒子】图层，在【效果和预设】面板中展开【模拟】特效组，然后双击【CC Particle World（CC粒子世界）】特效。

步骤03 在【效果控件】面板中，修改【CC Particle World（CC粒子世界）】特效的参数，将【Birth Rate（出生速率）】更改为0.5，【Longevity (sec)（寿命）】更改为3。

步骤04 展开【Producer（发生器）】选项组，将【Position X（位置X）】更改为-0.6，【Position Y（位置Y）】更改为0.36，【Radius X（X轴半径）】更改为1，【Radius Y（Y轴半径）】更改为0.4，【Radius Z（Z轴半径）】更改为1，如图9.110所示。

图9.110 设置参数

步骤05 展开【Physics（物理学）】选项组，将【Animation（动画）】更改为Twirl，【Gravity（重力）】更改为0.05，【Extra（扩展）】更改为1.2，【Extra Angle（扩展角度）】更改为（0，210）。

步骤06 展开【Direction Axis（方向轴）】选项组，将【Axis X（X轴）】更改为0.13。

步骤07 展开【Gravity Vector（重力矢量）】选项组，将【Gravity X（重力X）】更改为0.13，【Gravity Y（重力Y）】更改为0，如图9.111所示。

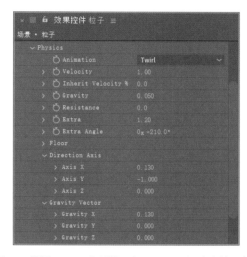

图9.111 设置Physics（物理学）及Direction Axis（方向轴）选项

步骤08 展开【Particle（粒子）】选项组，将【Particle Type（粒子类型）】更改为Faded Sphere（褪色球体），【Birth Size（出生尺寸）】更改为0.12，【Death Size（死亡尺寸）】更改为0，【Size Variation（尺寸变化）】更改为50%，【Max Opacity（最大不透明度）】更改为100%，【Birth Color（出生颜色）】为白色，【Death Color（死亡颜色）】为橙色（R:255，G:78，B:0），如图9.112所示。

图9.112 设置Particle（粒子）选项

步骤09 在时间轴面板中，选中【粒子】图层，按Ctrl+D组合键将图层复制一份，将复制的粒子图层模式更改为相加，在【效果控件】面板中展开【Particle】选项组，将【Particle Type】更改为Motion Polygon，如图9.113所示。

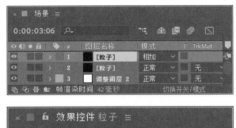

图9.113 复制图层并设置参数

9.3.7 添加装饰元素特效

步骤01 选中工具箱中的【矩形工具】 ，绘制一个矩形，设置【填充】为红色（R:240，G:14，B:73），【描边】为无，将生成一个【形状图层1】图层，如图9.114所示。

图9.114 绘制矩形

步骤02 在时间轴面板中，选中【形状图层 1】图层，将时间调整到00:00:01:03帧的位置，按[键设置当前图层动画入点，将时间调整到00:00:01:02帧的位置，再按Alt+]组合键设置图层动画出点，如图9.115所示。

图9.115 设置图层动画出入点

步骤03 选中工具箱中的【椭圆工具】 ，绘制一个扁长的椭圆，设置【填充】为蓝色（R:0，G:186，B:255），【描边】为无，将生成一个【形状图层 2】图层，如图9.116所示。

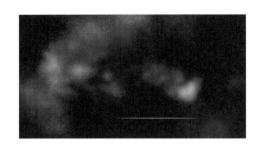

图9.116 绘制椭圆

步骤04 在时间轴面板中，选中【形状图层 2】图层，将时间调整到00:00:01:00帧的位置，按P键打开【位置】，单击【位置】左侧的码表 ，在当前位置添加关键帧，在图像中将其向左侧平移至图像之外的区域，如图9.117所示。

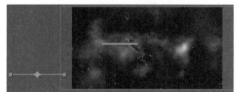

图9.117 添加位置关键帧

步骤05 将时间调整到00:00:01:05帧的位置，在图像中向右侧移动其位置，系统将自动添加关键帧，制作位置动画，如图9.118所示。

图9.118 制作位置动画

步骤06 选择工具箱中的【横排文字工具】 ，在图像中添加文字（Consolas），如图9.119所示。

图9.119 添加文字

步骤07 在时间轴面板中，将时间调整到00:00:01:10帧的位置，选中【X】图层，按T键打开【不透明度】，将【不透明度】更改为0%，单击【不透明度】左侧的码表 ，在当前位置添加关键帧。

9.3.8 补充文字信息

步骤01 选择工具箱中的【横排文字工具】 ，在图像中添加文字（Copperplate Gothic Bold），将文字所在图层名称重命名为【小字】，如图9.122所示。

步骤02 在时间轴面板中，选中【小字】图层，按Ctrl+D组合键复制一个【小字2】图层，选中【小字2】图层，将文字颜色更改为红色（R:240，G:14，B:73），如图9.123所示。

步骤03 选中工具箱中的【矩形工具】 ，选中【小字2】图层，绘制一个蒙版路径，如图9.124所示。

步骤08 将时间调整到00:00:01:13帧的位置，将【不透明度】更改为100%，将时间调整到00:00:01:15帧的位置，将【不透明度】更改为0%，系统将自动添加关键帧，制作不透明度动画，如图9.120所示。

图9.120 制作不透明度动画

步骤09 以同样的方法在图像中再添加几个相似的图形元素并制作出不透明度动画，如图9.121所示。

 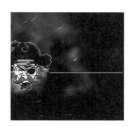

图9.121 制作动画元素

图9.122 添加文字　　　　图9.123 更改文字颜色

步骤04 将时间调整到00:00:02:00帧的位置，展开【蒙版】|【蒙版1】，单击【蒙版路径】左侧的码表 ，在当前位置添加关键帧。

图9.124 绘制蒙版

步骤05 将时间调整到00:00:02:00帧的位置,调整整蒙版路径,系统将自动添加关键帧,如图9.125所示。

图9.125 调整蒙版路径

步骤06 在时间轴面板中,将时间调整到00:00:01:00帧的位置,同时选中【小字】及【小字2】图层,按T键打开【不透明度】,将【不透明度】更改为0%,单击【不透明度】左侧的码表 ,在当前位置添加关键帧。

步骤07 将时间调整到00:00:01:10帧的位置,将【不透明度】更改为100%,系统将自动添加关键帧,制作不透明度动画,如图9.126所示。

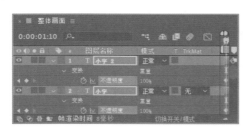

图9.126 制作不透明度动画

步骤08 在时间轴面板中,同时选中所有图层,右击,在弹出的快捷菜单中选择【预合成】命令,

在弹出的对话框中将【新合成名称】更改为整体画面,完成之后单击【确定】按钮,如图9.127所示。

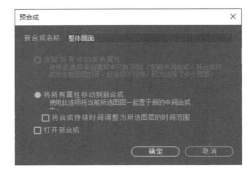

图9.127 添加预合成

步骤09 按P键打开【位置】,按住Alt键单击【位置】左侧的码表 ,输入(wiggle(2,3)),为当前图层添加表达式,如图9.128所示。

图9.128 添加表达式

步骤10 执行菜单栏中的【图层】|【新建】|【纯色】命令,在弹出的对话框中将【名称】更改为黑边,【颜色】更改为黑色,完成之后单击【确定】按钮。

步骤11 选中工具箱中的【矩形工具】 ,绘制一个矩形蒙版路径,如图9.129所示。

图9.129 绘制蒙版

步骤12 展开【蒙版】|【蒙版 1】选项,勾选【反转】复选框,如图9.130所示。

步骤13 这样就完成了最终整体效果制作,按小键盘上的0键即可在合成窗口中预览动画。

图9.130 将蒙版反向

9.4 神域游戏CG动画设计

• 实例解析

　　本例主要讲解神域游戏CG动画设计。本例的设计以突出CG动画的特点为主，通过添加游戏角色动作以及光效完成整个动画的设计，最终效果如图9.131所示。

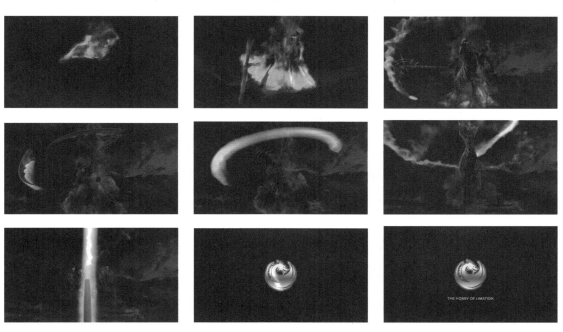

图9.131 动画流程画面

• 知识点

　　【三色调】【CC Particle Systems II（CC粒子系统）】【色光】【发光】

• 操作步骤

9.4.1 制作文字效果

步骤01 执行菜单栏中的【合成】|【新建合成】命令，打开【合成设置】对话框，设置【合成名称】为"背

景"，【宽度】为"720"，【高度】为"405"，【帧速率】为"25"，并设置【持续时间】为00:00:10:00秒，【背景颜色】为黑色，完成之后单击【确定】按钮，如图9.132所示。

步骤02 打开【导入文件】对话框，选择"工程文件\第9章\神域游戏CG动画设计\眼睛.mov、烟3.mov、烟2.mov、烟.mov、权杖.mov、绿光2.mov、绿光.mov、怪物.mov、背景.mov、标志.png"素材，如图9.133所示。

图9.132 新建合成　　　图9.133 导入素材

步骤03 在【项目】面板中，选中【背景.mov】素材，将其拖至时间轴面板中，在图像中将其等比例缩小，如图9.134所示。

图9.134 添加素材图像

步骤04 在时间轴面板中，选中【背景.mov】图层，在【效果和预设】面板中展开【颜色校正】特效组，然后双击【曲线】特效。

步骤05 在【效果控件】面板中，修改【曲线】特效的参数，调整曲线降低图像亮度，如图9.135所示。

步骤06 在时间轴面板中，选中【背景.mov】图层，在【效果和预设】面板中展开【颜色校正】特效组，然后双击【三色调】特效。

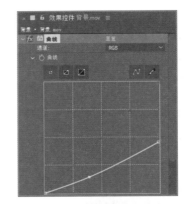

图9.135 调整曲线降低图像亮度

步骤07 在【效果控件】面板中，修改【三色调】特效的参数，设置【中间调】为蓝色（R:82，G:118，B:152），如图9.136所示。

图9.136 设置三色调

步骤08 在时间轴面板中，在【效果和预设】面板中展开【颜色校正】特效组，然后双击【曲线2】特效。

步骤09 在【效果控件】面板中，修改【曲线2】特效的参数，再次调整曲线，降低图像亮度，如图9.137所示。

 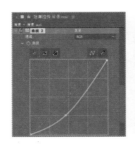 

图9.137 再次调整曲线，降低图像亮度

9.4.2 为动画添加粒子效果

步骤01 执行菜单栏中的【图层】|【新建】|【纯色】命令，在弹出的对话框中将【名称】更改为粒子，【颜色】更改为黑色，完成之后单击【确定】按钮。

步骤02 选中【粒子】层，在【效果与预设】特效面板中展开【模拟】特效组，双击【CC Particle Systems II（CC粒子系统）】特效。

步骤03 在【效果控件】面板中，设置【Birth Rate（出生速率）】值为1，展开【Producer（发生器）】，设置【Radius X（X轴半径）】为140，【Radius Y（Y轴半径）】为160，展开【Physics（物理学）】选项，设置【Velocity（速度）】为0，【Gravity（重力）】为0，如图9.138所示。

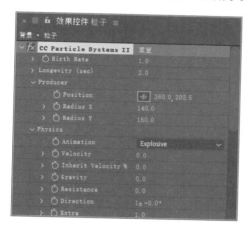

图9.138 参数设置

步骤04 展开【Particle（粒子）】选项，将【Max Opacity（最大不透明度）】更改为100%，如图9.139所示。

步骤05 在时间轴面板中，选中【粒子】图层，在【效果和预设】面板中展开【颜色校正】特效组，然后双击【三色调】特效。

步骤06 在【效果控件】面板中，修改【三色调】特效的参数，设置【中间调】为绿色（R:90，G:255，B:0），如图9.140所示。

步骤07 在时间轴面板中，选中【粒子】图层，再按Ctrl+D组合键复制一个【粒子】图层。

图9.139 设置Particle（粒子）

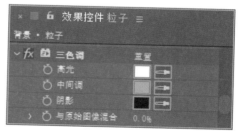

图9.140 添加三色调效果

步骤08 在时间轴面板中，同时选中两个粒子图层，右击，在弹出的快捷菜单中选择【预合成】命令，在弹出的对话框中将【新合成名称】更改为绿色粒子，完成之后单击【确定】按钮，如图9.141所示。

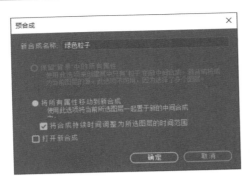

图9.141 添加预合成

图9.142 复制图层

步骤09 在时间轴面板中，选中【绿色粒子】合成，将其图层模式更改为叠加，如图9.142所示。

9.4.3 为画面补充特效

步骤01 执行菜单栏中的【图层】|【新建】|【纯色】命令，在弹出的对话框中将【名称】更改为开场黑，【颜色】更改为黑色，完成之后单击【确定】按钮。

步骤02 在时间轴面板中，将时间调整到00:00:00:00帧的位置，选中【开场黑】图层，按T键打开【不透明度】，单击【不透明度】左侧的码表 ，在当前位置添加关键帧。

步骤03 将时间调整到00:00:03:00帧的位置，将【不透明度】更改为0%，系统将自动添加关键帧，制作不透明度动画，如图9.143所示。

图9.143 制作不透明度动画

步骤04 在【项目】面板中，同时选中【烟.mov】及【怪物.mov】素材，将其拖至时间轴面板中。

步骤05 在时间轴面板中，同时选中【烟.mov】及【怪物.mov】图层，将时间调整到00:00:02:00帧的位置，按S键打开【缩放】，将其数值更改为（38，38），如图9.144所示。

●提 示

将时间调整到00:00:02:00帧的位置再缩小图像，是为了更好地观察图像在合成中的大小对比效果。

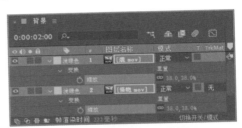

图9.144 缩小图像

步骤06 在时间轴面板中，选中【怪物.mov】图层，在【效果和预设】面板中展开【颜色校正】特效组，然后双击【三色调】特效。

步骤07 在【效果控件】面板中，修改【三色调】特效的参数，设置【中间调】为蓝色（R:0，G:120，B:255），将【与原始图像混合】更改为80，如图9.145所示。

步骤08 选中【烟.mov】图层，在【效果和预设】面板中展开【颜色校正】特效组，然后双击【照片滤镜】特效。

步骤09 在【效果控件】面板中，修改【照片滤镜】特效的参数，设置【滤镜】为冷色滤镜（80），如图9.146所示。

图9.145 设置三色调

图9.147 更改图层模式

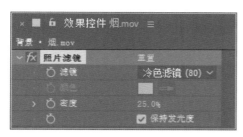

图9.146 设置照片滤镜

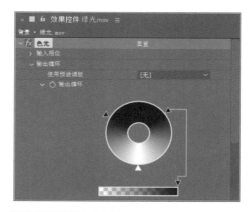

图9.148 设置色光

步骤10 在【项目】面板中，选中【绿光.mov】素材，将其拖至时间轴面板中并等比例缩小，再将其图层模式更改为屏幕，如图9.147所示。

步骤11 在时间轴面板中，选中【绿光.mov】图层，在【效果和预设】面板中展开【颜色校正】特效组，然后双击【色光】特效。

步骤12 在【效果控件】面板中，修改【色光】特效的参数，更改输出循环颜色，如图9.148所示。

步骤13 在【效果和预设】面板中展开【杂色和颗粒】特效组，然后双击【分形杂色】特效。

步骤14 在【效果控件】面板中，修改【分形杂色】特效的参数，设置【分形类型】为动态扭转，【杂色类型】为柔和线性，【对比度】为175，【亮度】为-25，如图9.149所示。

●提 示

在对分形杂色效果进行设置的过程中，一定要注意将【效果控件】面板最底部的混合模式更改为相乘，否则分形杂色效果在图像中将会铺满整个画面，而非只显示在怪物身体上。

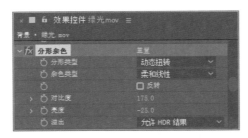

图9.149 设置分形杂色

步骤15 展开【变换】选项，将【缩放】更改为200，【混合模式】更改为相乘，如图9.150所示。

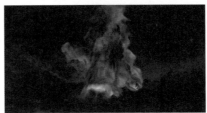

图9.150 设置变换

9.4.4 对画面进行调色操作

步骤01 在【效果和预设】面板中，展开【颜色校正】特效组，然后双击【曲线】特效。

步骤02 在【效果控件】面板中，修改【曲线】特效的参数，调整曲线，降低图像对比度，如图9.151所示。

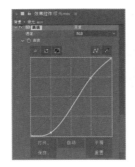
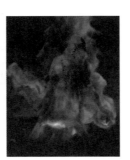

图9.151 调整曲线

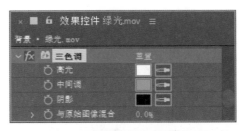

图9.152 设置三色调

步骤03 在【效果和预设】面板中展开【颜色校正】特效组，然后双击【三色调】特效。

步骤04 在【效果控件】面板中，修改【三色调】特效的参数，设置【中间调】为绿色（R:30，G:255，B:0），如图9.152所示。

步骤05 在【效果和预设】面板中展开【通道】特效组，然后双击【设置遮罩】特效。

步骤06 在【效果控件】面板中，修改【设置遮罩】特效的参数，设置【用于遮罩】为明亮度，如图9.153所示。

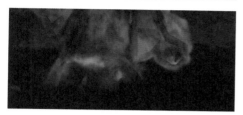

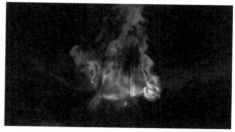

图9.153 更改设置遮罩

图9.155 更改图层模式

步骤07 在【效果和预设】面板中展开【风格化】特效组，然后双击【发光】特效。

步骤08 在【效果控件】面板中，修改【发光】特效的参数，设置【发光阈值】为60，【发光半径】为170，【颜色B】为深蓝色（R:3，G:10，B:28），如图9.154所示。

步骤10 在时间轴面板中，选中【绿光2.mov】图层，在【效果和预设】面板中展开【颜色校正】特效组，然后双击【三色调】特效。

步骤11 在【效果控件】面板中，修改【三色调】特效的参数，设置【中间调】为绿色（R:30，G:255，B:0），如图9.156所示。

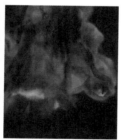

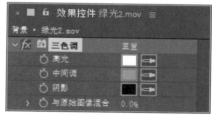

图9.154 设置发光

步骤09 在【项目】面板中，选中【绿光2.mov】素材，将其拖至时间轴面板中，并将其等比例缩小，再将其图层模式更改为屏幕，如图9.155所示。

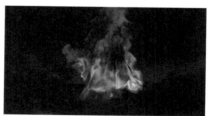

图9.156 设置三色调

9.4.5 为图像添加动感光效

步骤01 在【效果和预设】面板中，展开【风格化】特效组，然后双击【发光】特效。

步骤02 在【效果控件】面板中，修改【发光】特效的参数，设置【发光阈值】为60，【发光半径】为100，【发光强度】为0.3，如图9.157所示。

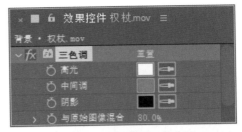

图9.157 设置发光

步骤03 在【项目】面板中，选中【权杖.mov】【烟2.mov】【烟3.mov】及【眼睛.mov】素材，将其拖至时间轴面板中，并以刚才同样的方法将素材图像大小缩小至（38，38），如图9.158所示。

步骤04 同时选中【烟2.mov】【烟3.mov】及【眼睛.mov】图层，将其图层模式更改为相加。

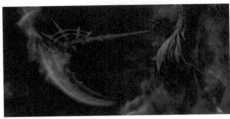

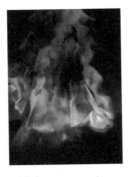

图9.160 设置三色调

步骤08 在时间轴面板中，选中【烟2.mov】图层，在【效果和预设】面板中展开【颜色校正】特效组，然后双击【三色调】特效。

步骤09 在【效果控件】面板中，修改【三色调】特效的参数，设置【中间调】为绿色（R:40，G:190，B:20），如图9.161所示。

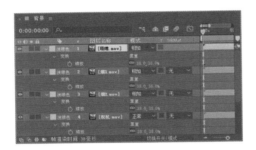

图9.158 添加素材图像

步骤05 在时间轴面板中，选中【烟3.mov】图层，将时间调整到00:00:03:03帧的位置，按[键设置当前图层动画入点，如图9.159所示。

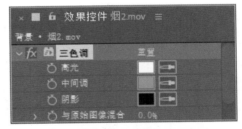

图9.159 设置图层动画入点

步骤06 在时间轴面板中，选中【权杖.mov】图层，在【效果和预设】面板中展开【颜色校正】特效组，然后双击【三色调】特效。

步骤07 在【效果控件】面板中，修改【三色调】特效的参数，设置【中间调】为蓝色（R:0，G:120，B:255），将【与原始图像混合】更改为80，如图9.160所示。

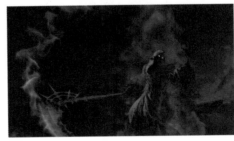

图9.161 添加三色调效果

步骤10 在时间轴面板中，选中【烟2.mov】图层，在【效果控件】面板中，选中【三色调】效果，按Ctrl+C组合键将其复制，选中【烟3.mov】图层，在【效果控件】面板中，按Ctrl+V组合键将其粘贴，并将其【与原始图像混合】更改为30，如图9.162所示。

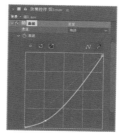

图9.164 再次调整曲线

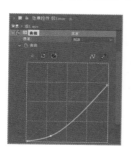

图9.162 调整三色调

步骤11 在时间轴面板中，将时间调整到00:00:03:20帧的位置，选中【烟3.mov】图层，在【效果和预设】面板中展开【颜色校正】特效组，然后双击【曲线】特效。

步骤12 在【效果控件】面板中，修改【曲线】特效的参数，调整曲线，单击【曲线】左侧的码表，在当前位置添加关键帧，如图9.163所示。

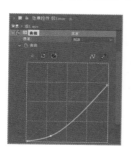

图9.163 调整曲线

步骤13 在时间轴面板中，将时间调整到00:00:04:20帧的位置，调整曲线，增加图像亮度，系统将自动添加关键帧，如图9.164所示。

步骤14 在时间轴面板中，选中【烟2.mov】图层，在【效果和预设】面板中展开【颜色校正】特效组，然后双击【三色调】特效。

步骤15 在【效果控件】面板中，修改【三色调】特效的参数，设置【高光】为绿色（R:40，G:190，B:20），【中间调】为绿色（R:40，G:190，B:20），如图9.165所示。

步骤16 在【效果和预设】面板中展开【风格化】特效组，然后双击【发光】特效。

步骤17 在【效果控件】面板中，修改【发光】特效的参数，设置【发光半径】为20，【发光强度】为2，如图9.166所示。

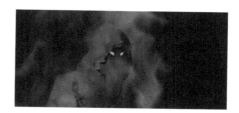

图9.165 添加三色调效果

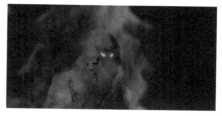

图9.166 设置发光

9.4.6 完成整体合成

步骤01 执行菜单栏中的【合成】|【新建合成】命令，打开【合成设置】对话框，设置【合成名称】为"整体合成"，【宽度】为"720"，【高度】为"405"，【帧速率】为"25"，并设置【持续时间】为00:00:10:00秒，【背景颜色】为黑色，完成之后单击【确定】按钮，如图9.167所示。

后双击【梯度渐变】特效。

步骤04 在【效果控件】面板中，修改【梯度渐变】特效的参数，设置【渐变起点】为（360，0），【起始颜色】为绿色（R:27，G:101，B:32），【渐变终点】为（360，405），【结束颜色】为黑色，【渐变形状】为径向渐变，如图9.168所示。

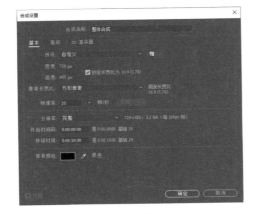

图9.167 新建合成

步骤02 执行菜单栏中的【图层】|【新建】|【纯色】命令，在弹出的对话框中将【名称】更改为渐变背景，【颜色】更改为黑色，完成之后单击【确定】按钮。

步骤03 在时间轴面板中，选中【渐变背景】图层，在【效果和预设】面板中展开【生成】特效组，然

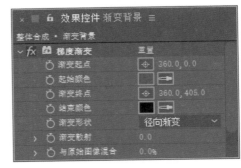

图9.168 添加梯度渐变

9.4.7 制作质感标志

步骤01 在【项目】面板中，选中【标志.png】素材，将其拖至时间轴面板中，合成中显示效果如图9.169所示。

图9.169 添加素材图像

步骤02 在时间轴面板中，在标志图层名称上右击，在弹出的菜单中选择【图层样式】|【外发光】命令。

步骤03 展开【外发光】选项，将【混合模式】更改为颜色减淡，【颜色类型】更改为渐变，单击【编辑渐变】，在弹出的对话框中将渐变更改为绿色系渐变，如图9.170所示。

步骤04 将【扩展】更改为20，【大小】更改为10，如图9.171所示。

步骤05 在时间轴面板中，在【标志.png】图层上右击，在弹出的菜单中选择【图层样式】|【渐变叠加】命令。

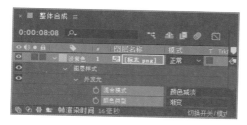

图9.170 编辑渐变

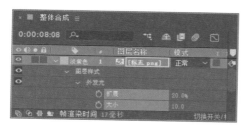

图9.171 设置外发光

步骤06 展开【渐变叠加】选项组，单击【编辑颜色】，在弹出的对话框中更改渐变，如图9.172所示。

图9.172 设置渐变

9.4.8 添加过渡质感效果

步骤01 选择工具箱中的【矩形工具】■，在图像中绘制一个白色矩形并适当旋转，将生成一个【形状图层1】图层，如图9.173所示。

图9.173 绘制图形

步骤02 在时间轴面板中，选中【形状图层1】图层，在【效果和预设】面板中展开【模糊和锐化】

特效组，然后双击【快速方框模糊】特效。

步骤03 在【效果控件】面板中，修改【快速模糊】特效的参数，设置【模糊半径】为3，如图9.174所示。

步骤04 在时间轴面板中，选中【形状图层1】图层，将时间调整到00:00:06:00帧的位置，按P键打开【位置】，单击【位置】左侧的码表，在当前位置添加关键帧，将时间调整到00:00:07:00帧的位置，将图像向右上方拖动，系统将自动添加关键帧，如图9.175所示。

步骤05 在时间轴面板中，选中【标志.png】图层，按Ctrl+D组合键复制一个【标志2.png】图层，将其移至【形状图层1】图层上方。

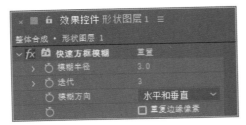

图9.176 设置轨道遮罩

步骤07 选中【形状图层1】图层,将其图层模式更改为叠加,如图9.177所示。

图9.174 设置快速模糊

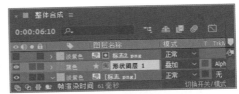

图9.177 更改图层模式

 ·提 示

将时间调整到00:00:06:10帧的位置再更改图层模式,是为了更好地观察图像中的效果。

图9.175 制作位置动画

步骤06 选中【形状图层 1】图层,将其轨道遮罩更改为【1.标志2.png】,如图9.176所示。

9.4.9 补充预合成特效

步骤01 在时间轴面板中,同时选中所有图层,右击,在弹出的快捷菜单中选择【预合成】命令,在弹出的对话框中将【新合成名称】更改为结尾动画,完成之后单击【确定】按钮,如图9.178所示。

图9.178 添加预合成

步骤02 在【项目】面板中,选中【背景】合成,将其拖至时间轴面板中,并将【背景】合成移至【结尾动画】合成下方,如图9.179所示。

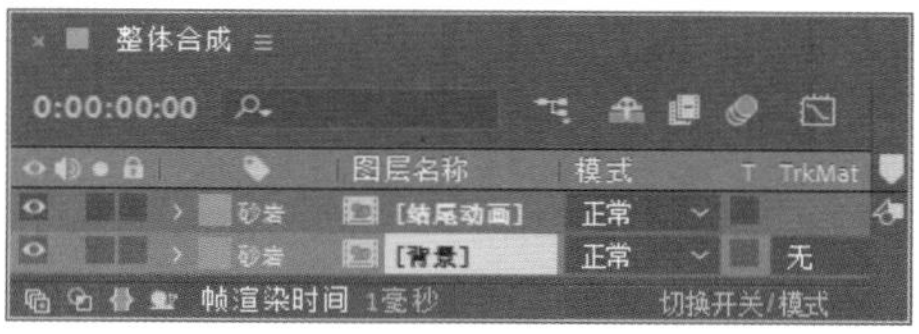

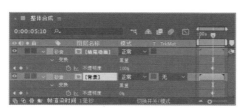

图9.179 添加合成

步骤03 在时间轴面板中,将时间调整到00:00:05:05帧的位置,选中【结尾动画】图层,按T键打开【不透明度】,将【不透明度】更改为0%,单击【不透明度】左侧的码表 ,在当前位置添加关键帧。

步骤04 选中【背景】图层,按T键打开【不透明度】,单击【不透明度】左侧的码表 ,在当前位置添加关键帧。

步骤05 将时间调整到00:00:05:10帧的位置,将【结尾动画】图层中的【不透明度】数值更改为100%,将【背景】图层中的【不透明度】数值更改为0%,系统将自动添加关键帧,制作不透明度动画,如图9.180所示。

图9.180 制作不透明度动画

步骤06 选择工具箱中的【横排文字工具】 ,在图像中添加文字(Arial Rounded MT Bold),如图9.181所示。

THE HOBBY OF LIMATION

图9.181 添加文字

步骤07 在时间轴面板中,将时间调整到00:00:06:00帧的位置,选中【文字】图层,按T键打开【不透明度】,将【不透明度】更改为0%,单击【不透明度】左侧的码表 ,在当前位置添加关键帧。

步骤08 将时间调整到00:00:07:00帧的位置,将【不透明度】更改为100%,系统将自动添加关键帧,制作不透明度动画,如图9.182所示。

图9.182 制作不透明度动画

步骤09 在时间轴面板中,将时间调整到00:00:06:00帧的位置,选中【文字】图层,在【效果和预设】面板中展开【模糊和锐化】特效组,然后双击【快速方框模糊】特效。

步骤10 在【效果控件】面板中,修改【快速方框模糊】特效的参数,设置【模糊半径】为30,单击【模糊半径】左侧的码表 ,在当前位置添加关键帧,如图9.183所示。

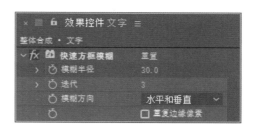

图9.183 设置快速方框模糊

步骤11 在时间轴面板中,将时间调整到00:00:07:00帧的位置,将【模糊半径】更改为0,系统将自动添加关键帧,如图9.184所示。

图9.184 更改模糊半径

步骤12 这样就完成了最终整体效果制作,按小键盘上的0键即可在合成窗口中预览动画。